不懂這些小眉角
就等別人
踩著你升官

我發現了。

能爬上頂點的人，跟爬不上去的人之間，

微小，卻又關鍵的差異。

5.6人
—
100人

這是公司內能當上

課長

的人所佔的比例。
（員工人數100名～999名）
假設一間公司有500名員工，
其中能當上課長的人的比例為5.6％。
也就是說有28個人。

2.7人

100人

這是公司內能當上

部長

的人所佔的比例。

（員工人數100名～999名）

假設一間公司具有500名員工，
其中能當上部長的人的比例為2.7%。
也就是說有13個人。

如果單純就資料進行計算就會發現，

即使當上了課長，
其中也只有一半的人
能坐上部長的位子。

而能再往上爬，成為高階幹部的人，
數量又更少了。

有人能爬上頂點，

有人即使當上了課長
卻無法繼續晉升部長、
和更高級的幹部。

這兩者之間究竟有什麼差異呢？

難道是一道難以跨越的鴻溝嗎？還是其實只是可以一腳跨過的小落差？

我一路走來，協助數萬名商務人士、2000間公司以上的幹部人資問題。

藉著離開Recruit的機會，我針對一直以來「最最最關心的問題」

徹底整理了過去的資料，

結果發現了一些十分驚人的事。

「沒想到這麼小的事情，竟能造就這麼大的差異。」

這本書，可以說是我的驚訝所催生出的一部作品。

前言

你已經因為「這一點」被看得一清二楚了!?

各位讀者好，我是森本千賀子。

衷心感謝你拿起了這本書。

我自己講雖然有點奇怪，但不覺得「爬上頂點的男人／課長止步的男人」（原日文直譯名）這種書名還滿聳動的嗎？儘管書名取成這個樣子，你還是願意拿起這本書，我真的對此十分感謝，也想送給你大大的掌聲。

你問我為什麼？

因為你已經具備「前者」，也就是能爬上頂點的人的素質了。

之後的內容會談論「組織中能爬上頂點的人，以及爬不上去的人之間在習慣上有什麼差異」。你對於最一開始「能爬上頂點的人以及爬不上去的人之間存在差異」的這項資訊產生疑問，心想「差在哪裡？」於是拿起了這本書、翻開書頁，試圖主動去了解。

沒錯，這個小小的舉動，正是能爬上頂點的人之間共同具備的特點。

本書雖然會敘述前者與後者之間的「差異」，但我並不只是為了告訴你他們之間的「差異」在哪裡而已，也希望能讓你——

知道差別在哪裡、

知道差別是什麼、

知道差別所展現出的「心思」，

並將其融入你自己的日常生活中。

這本書的目的是要實際改變你的行動，而不是只停留在「感覺真不錯～」、「聽起來真有趣」的想法。你是對這本書的標題感興趣而且拿了起來，還是對這本書感興趣卻沒再看上第二眼，這兩種行動的不同，就已經讓前者跟後者分道揚鑣了。

工作上超能幹的人共同具備的2項特點

我1993年從學校畢業後便進入了Recruit，這麼長一段時間以來，一心耕耘人力資源，以協助他人轉職維生。**目前為止，我看過的商務人士已經超過差不多4萬人了。**其中董事長超過1000名，若再加上營運幹部的話，其實已經和超過5000位企業幹部結下善緣了。

對於希望轉職的人，我會去詳細了解他這個人，陪伴他一同思考有什麼地方能讓他一展長才，並提供建議。此外，我也會去了解招募方，掌握他們內部的狀況，並傾聽經營者的煩惱，和他們一起思考究竟需要怎麼樣的人才，才能幫助他們的組織進一步發展。

由於工作關係，我常和公司高階主管，也就是一些董事、幹部、以及幹部候補人選來往。來往過程中，我發現這些人都具備一些相同的特點。

這本書就是要來談這些共通的特點。能爬上頂點的人、工作上超能幹的人，他們都具備下面2項特點。

那就是——

「工作的品味很好」

「作為一個人，給人感覺舒服」

這2點。

他們的特質可以統整成這邊提到的2點。

細微之處，可見一斑！

「什麼？品味？所以是感覺的問題？」我能明白你會產生這樣的疑問。如果全部賴到「品味」身上，那好像什麼都沒講到就結束了。這樣子的話，似乎就有些故弄玄虛，讓人感覺很差吧。一定有人會想大喊：「品味到底是什麼意思啊！」我懂。搞不好還有人會想：「咦？作為一個人，給人感覺舒服？所以是精神層面的問題？」

請把這本書，視為解析「令人一頭霧水的工作品味」和「給人不錯感覺」等要素的書。我親眼見識過無數「爬上頂點的男人」，而我試著把這些經驗寫成詳細的黑紙白字，試圖具體掌握「工作的『品味不錯』究竟是什麼意思」、「給人的感覺很好又是怎麼一回事」。

有句話說品味並非與生俱來，而是後天培養。在商務場合上，我想更是如此了。工作方法、時間的利用方法、拿捏與對方之間距離的方法、妥善顧慮他人的方法。

在本書鉅細靡遺說明「什麼樣的具體事例可能會讓人認為『你的品味好像不錯』」之後，希望能讓你覺得「雖然用品味這個詞去概括，但其實好像也就是這種事情」。

所以，本書中出現的範例，都是非常細微的小事。但正因為是一些微不足道的小事，才會讓人不禁讚嘆：「唔，這傢伙真行！」相信大家都有這樣的經驗吧。「見微知著」、「魔鬼藏在細節裡」，這些都是我非常喜歡的話。看來我們的確可以說——**「從小地方，就能看見事物的整體模樣」**。

我想提升自己作為商務人士的技能、我想把現在手上的工作做得更好、我想更進步、我想在組織裡頭出人頭地，或是覺得比起飛黃騰達，私人時間更為重要，但也不想被同事拋在後頭……

相信各位一定都抱持著不同的想法拿起這本書的。

在最一開始，我要告訴大家，只要有一點點念頭上、行動上的不同，人就得以改變。願本書有幸成為你的嚮導，幫助你成為「爬上頂點的男人」。

目次

第1章 能爬上頂點的男人會帶著目的提高做事效率

第2章 能爬上頂點的男人貼心得恰到好處

第3章

能爬上頂點的男人，就靠這樣抓住人心

＊開頭P2～3的課長、部長比例資料
來自日本勞動政策研究暨研修機構《有用的勞動統計2014》

第 1 章

能爬上頂點的男人會帶著目的提高做事效率

1

該怎麼跟客戶約時間見面？

請對方提出他們方便的時間？

主動提出幾個時間給對方選？

爬上頂點的男人，
會「告訴對方3個
自己想要的時間」

課長止步的男人，
會「請對方告訴自己
他們想要的時間」

第一次接觸客戶時就出現分歧點了

有人能爬上頂點，有人卻沒辦法。

這兩種人的差別，看來看去，最後都可以歸結到工作上有沒有「品味」。不過「品味」到底是什麼東西？這本書所要挑戰的課題就是——試著將工作上應具備的「品味」，化作具體的言語。

怎麼樣的具體行動，會讓人覺得你這個人「有品味」呢？本書將帶你看看存在於日常生活中的細微差異。

絕不誇張，**工作時的每一個瞬間，都實實在在展現了未來會爬上頂點的人，以及爬不上去的人之間的差別。**我至今有幸認識超過4萬名商務人士，希望可以透過他們，清楚掌握這微小的差異。

那麼我們直接進入正題。讓人不禁讚嘆：「這個人真厲害」、「他真行」的人，從第一次接觸客戶時就不一樣了。

「約見」是任何人都會碰到，可說是商務場合中再平常不過的情況。預約時，是讓人覺得「唉唷不錯喔」，還是「搞什麼東西」？我認為這裡就馬上出現了一個分歧。

你可能會寄信和對方約時間，也可能是透過打電話的方式。這種時候，你會怎麼跟對方約？

A「**請告訴我您方便的時間**」

B「**○月○日○點、×月×日×點、△日△月△點這三個時間您方便嗎**」

你一直以來都是用哪種方式跟對方約時間的呢？

答案是……約見對方的書信往返過程中，最沒有效率的NG方法就是——

A「請告訴我您方便的時間」

思考「其實這件事，最少可以來往幾次就搞定？」

只要想到之後你一來我一往的情況，馬上就能明白為什麼了。

你　「請告訴我您方便的時間。」

對方「那麼○月○日○點、×月×日×點、△日△月△點這三個時間其中一天您方便嗎？」

你　「十分抱歉，這三個時間不巧有其他安排了。再下一週如何？」

對方「那麼○月○日○點、×月×日×點怎麼樣？」

你「那就麻煩○月○日○點了。」

一定會演變成這種局面。可是這5次的互動，原本只需要進行2次就可以搞定了。

你「希望能和您約下面這幾個時間之一，不知您意下如何？

○月○日○點、×月×日×點、△日△月△點」

對方「那就麻煩×月×日×點了。」

如果用前者的方式詢問：「請告訴我您方便的時間」，即便原意是尊重對方，就結果來說卻害對方需要多花時間去處理這件事情。如果要比喻，這就像是不把自己的「手牌」亮出來，卻讓對方打出「手牌」的狀態。

讓對方翻閱記事本，提出幾個選項就算了，假如兩邊時間兜不攏，還得讓對方再多做一次一模一樣的事情。

站在「拜託別人的立場」，更需要想像對方「處理事情的麻煩」

話雖如此，我也能理解有人較偏向選擇「請告訴我您方便的時間」。尤其當對方是地位比自己高的人，或是接下來想做生意的客戶時，我們就是站在「拜託」別人與我們見面的立場，可能會覺得自己指定可能的日期有失禮節吧。

但讓對方提出選項，己方卻拒絕，這是更加失禮的行為。而且如果沒有馬上回覆，那對方提出的幾個日子在排程上就必須先「空下來」，以致於有其他事想安排也卡著動不了。

這種時候只要加上一句：**「不好意思，請容我提出幾個時間，若您不方便，還麻煩您提出您希望的時間。」**這樣就可以了。

我在跟對方約時間見面時，總不忘提出3～5個以上可能的時間。也會依不同狀況來提出不同時間，例如：「若您希望盡快的話哪幾天方便」、「若您不急的話哪幾天可以」。

接下來就是等對方回覆。有些人馬上就會回覆，也有些就這麼石沉大海。我認為這部分就是「有沒有站在對方的立場去幫他想」所造成的差異了。

當然，有時可能因為還有其他事項要安排，無法馬上決定見面日期。這種時候如果先盡快回覆對方如：「預計明天便能給您具體答覆，還請給我一些時間。」對方對你的印象也會產生很大的不同。

「下午1點到3點打擾！」這種說法哪裡不體貼？

雖然感覺只是小事，不過面談時間的表示方法，也可以看出一個人有沒有辦法考量到對方的狀況。

比方說，已經決定哪天見面了，然後你要回覆：「可以的話希望約在下午1點到3點之間。」你有沒有寫成下面這句話過呢？

「那就〇月×日，下午1點到3點打擾了！」

其實，這樣的寫法也只能說是細心度欠佳。

會這麼說，是因為如果對方沒有事先接獲資訊，光是看這句話根本就無法判斷你是要「下午1點開始到3點結束的這2小時」還是「下午1點～3點其中的某1個小時」要上門。也因此他還需要問你「請問您的意思是1點到3點的整整2個小時，還是其中某時段的1個小時？」

「這種寫法，有辦法讓對方一目瞭然嗎？秘書跟下屬看過時有沒有地方不清楚，導致不一樣的解釋產生？」工作能力強，能爬上頂點的男人，就是會想到這個地步，徹底減少對方需要做的動作。

從一個人約見的方式
就能看出他「試圖盡量減少對方麻煩」的心意

2

對第一次見面的人，該如何蒐集資訊？

社群媒體？

公司官網？

爬上頂點的男人，會看「公司歷史」

課長止步的男人，會看「昨天吃了什麼」

拜訪新客戶前，一定要先看過的東西

約好時間，準備和對方第一次見面時，你會事先蒐集哪些資訊呢？

除了確認對方公司的業務內容、商品、服務之外，應該不少人會用對方的名字在社群媒體及部落格上搜尋對方的帳號吧。現代的資訊來源管道很豐富，只要有心，什麼事情都可以在網路上找到。

各位覺得，能爬上頂點的人事前會看這些資訊的哪部分、抓哪邊的重點呢？

如果是新客戶，有一點非看不可。

那就是「公司歷史」。

很多公司的官方網站上，都會架設「沿革」的頁面。上頭記載著公司的原點何在、哪裡是轉捩點——不僅可以看見一路走來的歷史，還能看出公司最注重的事情與價值觀念。也建議將幹部的基本介紹資訊看過一遍。

再來，另一項要確認的東西，就是**對方公司的「顧客」是哪些人**。他們的收益模式長怎樣？提供什麼樣的價值以獲取對等利益？較其他同行業者傑出的部分是什麼？對這些問題有一定想像可是非常重要的。

幾乎所有企業的目的，都是為了提供更大的價值給顧客，所以我們必須思考達成這項目標會面對哪些問題、建立一些假設。就這方面來說，至少也該確認對方公司的沿革以及實際成果。

另外，有些人會在事前查遍對方的臉書和推特。乍看之下好像可以帶給人好感，實際上卻很容易害自己的想法受限。

確實，社群媒體以及部落格可以說是一種非常方便的工具，有助於我們在公領域、私領域都了解對方的個性。但公開在網路上的資訊，並不一定就代表了那個人的一切。

然而你一旦覺得自己這樣就了解了對方，認定他一定會怎樣的話，思考就會被限制，可能會漏聽一些關鍵的話，或是注意不到一段話背後真正在談的東西。

而且還有可能因為給人一種感覺：「我已經徹徹底底調查過你的事情囉」，結果造成對方的壓力，讓人煩惱：「那我還有什麼好說的？」

磨合對方發出的資訊跟自己感覺到的印象

我的工作全都是從跟他人見面開始。我個人的情況，會事先調查對方公司的歷史、沿革、價值鏈（value chain），但幾乎不會看對方個人的社群媒體資訊。因為這樣我就不會有先入為主的想法，可以帶著「我想了解這個人」的單純心態去面對客戶。

不過有些時候，你可能會想拉近跟對方公司窗口之間的距離，或是說參加聚餐前，想先多少掌握對方個人的資訊時，可能就要倚賴社群媒體的資訊了。

這時，我們應該把重點放在「共通點」、「共鳴點」上。看過對方的個人資料後，也許發現對方的公司和客戶之中有共同好友、或是學生時代熱中的運動相同、孩子的年齡相仿……等等，這些共同之處對於雙方之間的破冰十分有幫助。

但是就我的經驗，我認為即便已經把最低限度的資訊輸入進腦袋一隅，還是不要帶著先入為主的想法，依據當下的問答去了解對方，才能接近對方的本質。

因為我覺得，當我實際和一個人見面後感受到了什麼，才是最重要的事情。**慢慢磨合對方在社群媒體上給人的感覺，以及實際見面時給人的感覺，就能培養看人的眼光。**

由於我一直都是這麼想的，所以對方發在網路上的訊息、或是出版的作品等等，我幾乎都是實際見過本人之後才會去看。

很多時候，當我在對照自己對某個人的印象，以及那個人公開發表的言論時，就會明白：「原來對方想說的是這些事情啊。」

從事前蒐集的資訊內容
就能揪出「對方想要我的什麼」的問題意識

3

第一次拜訪客戶時太早到的話怎麼辦？

再看一遍資料？

滑手機殺時間？

爬上頂點的男人，
會看櫃台的「內線電話號碼表」

課長止步的男人，
會滑手機殺時間

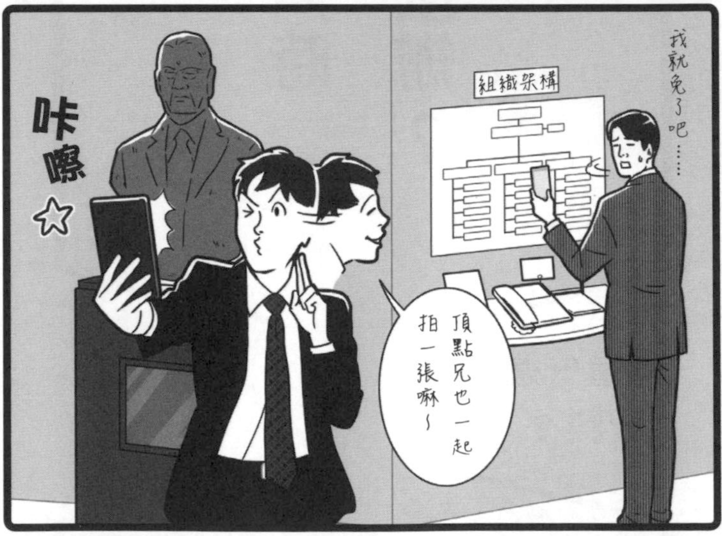

不假思索撥打內線電話的人看走眼的事情

跑業務時，你到了一間第一次拜訪的公司。你抵達的時間比預約時間還早，櫃台沒有人，只有電話跟沙發，不過要請對方出來又還太早……這種時候，你會做哪些事情呢？乾脆不知所云地滑手機殺時間嗎？還是再次確認對方的資訊以及帶來的資料呢？

能繳出漂亮業績的商務人士，第一次拜訪別人的辦公室時，就已經開始仔細「觀察」該公司的各處細節了。

櫃台是公司的「門面」，怎麼布置的、放置的物品傢俱有哪些、出入的員工姿態和表情又是如何，他們會注意這些地方，去掌握該公司的風氣和價值觀、以及特色，以便活用在與對方的談話之中。

在櫃台這個地方，我一直都覺得有件事情「一定要確認」。各位知道是什麼事嗎？

就是擺在櫃台的「內線電話號碼表」。

櫃台的電話旁通常擺著一張「內線電話號碼表」。你是不是約定的時間到了，就直接撥打電話給會面對象呢？那你可就白白浪費了大好機會。

雖然有些公司的號碼表上只會標示「請撥〇號至接待人員」，但也有公司會把內部所有的部門名稱、甚至各部門成員的名字放上去。

我已經養成一個習慣，就是會將內線電話號碼表抄下來。

很多公司不會把組織的架構放到官方網站上，所以這可是非常寶貴的資訊。我從新人年，還是菜鳥業務的時候，就卯足全力把拜訪公司的內線電話號碼表抄在記事本上。這項習慣如今也沒改變，不過現在改用手機拍照，之後再慢慢看，方便了不少。

能不能趁機從組織架構圖看出對方的核心業務

我之所以會注重組織架構圖，是因為這張圖表中可以解讀出一間公司的「價值鏈（value chain）」。

所謂的價值鏈，是美國經濟學家麥可・波特（Michael Porter）所提出的概念。這項概念中認為，經營活動包含進貨物流（Inbound Logistics）、生產營運（Operations）、出貨物流（Outbound Logistics）、市場行銷（Marketing & Sales）、服務（service）等「主要活動」，以及企業基礎建設（Firm Infrastructure）、人力資源管理（Human

Resources Management）、技術發展（Technology）、採購（Procurement）等的「輔助活動」。

內線電話號碼表上標示的部門名稱，大多數的情況，該公司的核心業務部門會放在最上面，接著再依照與核心業務關聯性的強弱依序往下排。

從這個小地方，就能夠了解一間公司對組織規劃的想法、以及該公司偏重哪個領域、哪個領域又投注較少人力，之後在談話之中可以更容易掌握對方的問題以及需求。

比方說，管理部門跟營運部門通常會放在上面位置，接著依據企業規模不同，有些還可以看到下面細分成人資部、總務部、會計部、財務部等等。這就會讓人感受到，這間企業在管理方面的基礎很紮實。

感覺我身邊的一些高階主管，在跟客戶和合作對象往來時，也不會只看跟自己有關的部門，而是綜觀對方公司的組織整體。他們會想：「為了解決我現在面對的問題，還需要跟這個部門合作」、「如果要跟他們做生意，比起這個部門，那個部門似乎更適合一點」。之後利用提供某一部門商品、服務的機會，請對方「介紹自己給某部門的負責人認識」，藉以將生意拓展到其他部門。

如果官方網站跟櫃台都看不到組織架構圖，不妨試著詢問對方：「如果貴公司有組織架構圖的話，方不方便跟您拿一份？」又或是可以在閒談時帶到這個話題上，試著問問看對方，如：「總公司大樓裡頭還有其他部門嗎？」、「其他分公司有沒有什麼跟這邊不同的部門？」

想必每間公司都有「也不是刻意藏起來，就只是沒有公開」的資訊。而這些資訊就要靠我們親自上門才能掌握了。有時候，這些資訊來源之中可能潛藏著意想不到的生意機會。

從一個人在對方公司時會看什麼
就能看出他能否找出沒有公開的資訊

4

文件何時呈交？

從沒有
遲交過？

總是拖到
最後一刻？

爬上頂點的男人，會馬上處理「遲早都得做的事情」

課長止步的男人，會把「之後做也行的事情」拖到最後一刻

能爬上頂點的男人，字典裡沒有「遲交」兩個字

擔綱本書編輯的橋口女士曾感嘆自己不爭氣：「明明心裡一直想趕快交趕快交，結果每次月初就要呈交的文件，都拖到了截止日期。」

要給客人和客戶公司的東西和資料明明都會盡速處理，可是像報告書、報帳表等公司內部的文件，就總是想著「之後再用」，結果一直因為其他工作而往後挪，到最後淪落到上司三催四請的地步。

不瞞各位，能爬上頂點的人，不管是在公司內部還是對外，要提交的東西、以及其他事情幾乎不會出現「超過規定期限」的情況。

當然，我並非對各種商務人士在公司內所需要提交的各類文件有透徹了解。不過我也看過不少人，因此可以確定一件事，那就是**高效率人士身上的「系統」中並不存在讓資料、文件遲交的「程式」**。

也就是說，這是「系統」問題，並不僅限於提交文件而已。回覆信件、檢查工作內容、甚至寫信道謝，**每一件事情他們都「起步得很快」**。

比方說，一般工作上跟誰見了面後，大多會寄一封「感謝信」過去沒錯吧？對行程滿檔的人來說，每次碰到要寫感謝信的情況，總是說起來容易，做起來困難。

但越是能爬上頂點的人，就越是會盡早寄出感謝信，絕不遺漏。

雖然也不少人可能是過了幾個星期、幾個月後再次連絡時，才趁機補上「前陣子的事情十分感謝您」。但我仔細想過，這兩者之間到底差在哪裡。

我得出的結論是，因為**工作效率越好的人，越明白「早做晚做都要做，不如盡可能早點做的價值比較高」這個道理。**

同樣是「該做的事情」，「現在」做跟「3天後」做不是都一樣？你是不是這樣想呢？

其實，不是這麼一回事的。

同樣一件該做的事情，早一點做的話，就能最大限度提高「那件事情」的價值。

遲早都要寄的信件，「現在馬上」寄就能啟動良性循環

我個人在跑業務，初次拜訪過對方公司之後，或是參加完研討會和講座之後，都會提醒自己可以的話「馬上」寄感謝信過去。

到了最近，我也開始處在「收」感謝信的一方了。有些來聽我演講的人，會告訴我他們的感想。

也常有些在演講結束之後交換名片、有機會個別交談的人，會細心地發給我訊息，好比說：「我之前一直很煩惱什麼事情，現在我打算怎麼做」這樣。

這些信，我幾乎都是在活動隔天收到。**所以我會在對方寄信過來之前，先主動寫信過去。**

如我所料，對方都會大吃一驚，而且十分感動。「應該是我要先向您致謝的，沒想到反倒是森本小姐先寄了信過來！」

這也是基於「早做晚做都要做，不如盡可能早點做的價值比較高」的概念。

如果收到講座上碰頭的人寄來的感謝信，那我們自然也需要回信。換句話說，寫信給對方是「遲早都要做的事情」。

既然如此，那我就在收到信之前先寄，而不是等到信寄來了才回。我認為這麼一來，我在演講時提到的概念：「如果想要建立人際關係，那麼道謝也好、請求也好，都應該馬上連絡」，也會更有說服力，對方更能體會到：「原來就是這麼一回事！」

我不希望自己的演講，對他人來說只停留在「聽了不錯的一席話」的感覺。我希望參與的聽眾不只能獲得啟發，甚至能影響到實際行動，感受到結果「不一樣」。我追求的目標，就是「察覺×行動＝改變」。

雖然這邊都在談感謝信的例子，但當然不只有感謝信是這樣。**需要給人的東西、工作內容確認、報告、聯絡、討論，高階主管對待任何事情的態度都一樣，處理動作都很快。**

我曾經有次同時寄信給10位需要預約時間的經營者，約他們見面。**如果從收到回信的順序來看，可以清楚看到營業額規模跟成長程度越是優秀的董事長，回信的速度就有越快的趨勢。**我覺得這真的是很有趣的一個現象。

即使是同樣行動，發起的時間點不同，會帶給對方不一樣的衝擊，價值也會大大不同。

即便只是小事情一件，也不是說「只要勉強趕上就ＯＫ」。能爬上頂點的人，深知「快」的價值到底有多大。

從一個人交件的時間

就能看出他明不明白遲早要做的事情，會因為「什麼時候做」而造就完全不同的價值。

5

惹毛客戶了！怎麼辦？

馬上衝出門
搭計程車！

跟上司匯報！

爬上頂點的男人，會馬上奪門而出

課長止步的男人，會向上司報告、商量

穿著出席結婚典禮時的禮服，搭飛機去致歉!?

「遲早都要處理的事情，就立刻處理掉。」

我們前面已經提過，地位越上面的人，越明白就算只是要交給別人的小東西「越快做好價值越高」。而發生問題時又更是如此了。

出錯了，客戶打電話來飆人的話，你第一個採取的行動是什麼？

「調查出錯的來龍去脈，並準備給對方的報告。」

「先向上司匯報，等待上頭指示。」

不同狀況下，這兩種都不能算錯。

可是在跟上司匯報並等待指示下來的這一段時間，「道歉」這項行動就已經錯過了時機，這可不是我們樂見的。這樣一來，之後要挽回對方的信賴可得費上不少功夫。

我認為重要的是，**「弄清楚自己的職權範圍內能做哪些事情，快速且果斷採取行動。」**

在仔細思考「該怎麼彌補」之前，先擱下搭計程車趕去見客戶，好好地道歉。我自己也好幾次因為有做這種「快速危機處理」，很快地就和客戶恢復信賴關係。

我還是菜鳥時發生過一件事。我把客戶公司的董事長惹得火冒三丈，因為我把錯誤的規約資訊告訴求職方，而求人方知道了這件事。

「搞什麼鬼啊!?」公司接到對方的電話時，我恰好在參加朋友的婚禮，而且地點還在北海道。

一接到聯絡，我馬上變更當晚住在北海道的計畫，衝去機場。在便利商店買好信紙跟信封，等飛機的期間寫好道歉信，搭上能最快趕回東京的班機。

接到聯絡的幾個小時後，我就抵達了客戶的公司。對方看到我的服裝嚇了一跳，因為我還穿著參加婚禮時的禮服。

董事長看到我為了道歉，從北海道「飛」回來向他深深低頭，就沒有再罵人了。後來我回到公司，正式商討該如何處理，並在花時間誠摯地應對之下，之後和那位客戶也一直維持良好的關係。

該如何以行動來表示「對不起」的心意？**我認為之所以心裡想道歉，行動卻總是晚了一步，是因為大家已經把「道歉」跟「在公司內討論好該如何應對後再跟客戶報告」綁在一起了。**

明顯錯在自己的情況下，就不管三七二十一，先道歉再協商後續的處理事宜。處理事宜之後再談也行，但事情發生當下，我們是可以馬上道歉的。這就是越快越有價值的道理。

如果對方接受了你的道歉，也有助於之後修復信賴關係。

道歉的同時，能否一併提出幾個具體的後續處理方案

但也有可能碰到對方人身在遠方，或是對方有事在身排不開，無法立即上門道歉的情況。這種時候，打電話以及寫信的表達方式就很關鍵。

我在不久之前，才犯下了一件大錯。就是到A公司與B公司演講活動撞期了。我在臉書上公布在A公司演講的活動消息時，B社的負責人看到後發現「跟我們公司預約的日期一樣」，於是聯絡我，我才發現自己在行程調整上出了差錯。那時離活動只剩下2個禮拜了。

我看見對方告知我撞期的郵件時，是在清晨4點。我整個人嚇得臉色發白。我必須

決定取消其中一方的活動，可是這個時間又不能馬上打電話，所以就先寫信給B公司，誠摯地向他們道歉，同時詢問他們能否更改活動日期。

信的開頭先道歉，然後告訴對方「這全是我的責任」，我沒有任何辯解的餘地，接著開始說明出錯的原委。

除此之外，我也在信中寫到「場地取消的違約金由我來承擔」、「申請參加的聽眾由我負責寫電子郵件或書信表達歉意，或是依情況親自登門道歉」，像這樣盡可能寫出具體的後續處理方案。

最後承蒙B公司願意配合，將活動改期舉行。之後和B公司的負責人談話時，對方跟我說：

「看到森本小姐寫的信，想氣也氣不起來了。所有相關人員都覺得：『既然都這麼有誠意了，就不要太計較了。』」

在發現問題的當下，我二話不說優先應對B公司的負責人。雖然沒辦法馬上趕過去當面道歉，但即使是一封信，也讓對方清楚感受到我打從心底感到抱歉，因而多少挽救了一點事態。

犯錯的時候，人會慌張、會焦慮。但我認為就是這種時候，費盡唇舌清楚說明出差錯的原委更顯得重要。**可能會有人覺得「感覺像在找藉口，真難看」，但我想對方照理說也會想了解「為什麼會發生這種事情」才對。**

你究竟是想推卸責任、強詞奪理「找藉口」，還是「打從心裡感到抱歉」，對方一定都看得出來，所以最好老實承擔責任，並告知對方正確的「狀況」，解釋為什麼會發生這種事情。

而且你要盡最大的誠意，好好地道歉。甚至可以說「一開始的行動」，就決定了一個人未來的「器量」。

從一個人的道歉的方式

就能看出他到底是「真的覺得自己有錯」

還是「只想找藉口」

6

前往出差地點的路上要做什麼？

看報紙？

回信件？

爬上頂點的男人，會把「最能提升效率的事情」當旅伴

課長止步的男人，會把「啤酒、下酒菜和漫畫」當旅伴

比起「現在在做什麼」是否更清楚知道「要做什麼才最有效率」

假設你搭新幹線出差，那麼移動的過程，你會怎麼度過呢？總之就滑滑手機，檢查信件跟社群媒體上的消息？看到吸引你的新聞和報導就點開來讀？或是不時打個瞌睡，回過神來就已經到目的地了……我相信應該不少人都有過這樣的經驗。

搭新幹線的這幾個小時，到底該做什麼？講白了，根本就沒有「該做」的事情。只不過可以爬上頂點的人，不會白白讓時間流逝。**甚至還會有一種「新幹線例行公事」，也就是「搭乘新幹線時總會做某件事」**。

至於是什麼事，因人而異。有些身為高階主管的人說：「光是在狹窄的空間打開筆記型電腦做事，就讓人很有壓迫感了，根本提升不了什麼做事效率。所以我都把這段時間拿來休息。」他們將搭乘新幹線的過程視為「為了在抵達目的地後拿出最好的表現，必須好好放鬆的時間」，所以可能不時滑個手機、不時就閉目養神。

我有次到國外出差時，因為一些原因，請航空公司幫我升級成商務艙。

那時，我周遭的高階主管、以及看起來應該是商務人士的其他乘客，有很多人都一坐到位子上就戴上眼罩跟頸枕開始睡覺，動作非常熟練。我看了心生佩服。他們已經事先決定好移動的時間是「睡眠時間」了，所以為了提高睡眠品質，準備也做得非常周全。

有些人也許還會將移動時間用來看臉書好友的貼文、或回覆貼文等等，當作「維繫公司外人脈」的時間。

選擇在同樣時間內最能提高產能的時間利用方式

我自己是固定把搭乘新幹線的時間，當作「事務處理」的時間。

把這段時間拿來處理事務有個好處，就是時間有限。一旦確定時限的最後「是〇點〇分抵達目的地」，你的腦袋就會告訴自己「必須在那之前處理完」，也會覺得：「已經到名古屋啦，看來我要再加快速度才行」，這麼一來，工作的步調調整上也比較容易。

從打開筆記型電腦確認信件、回覆、處理事務手續到**「報紙剪貼」都是我的「新幹**

線例行公事」。有時我因為忙而沒時間讀日本經濟報，積了1～2禮拜的份，會全部丟進一個紙袋裡，帶上新幹線。讀著讀著，發現有些可以運用在工作上、或是特別吸引我的報導，就剪下來收進透明資料夾。這些事情做完，最後把不要的報紙丟在出差的地方才回去。

至於思考客戶向我提出的問題和希望的處理方法，或是組織演講內容、撰寫文稿這種使用到「右腦」的工作，我就不會在移動中處理，而是一早起床在家做。因為早上剛起床，腦袋比較靈光，做事時不會受到任何干擾，可以集中精神。至於剩下一整天就盡量多撥一點時間來與人見面、對話。

高效率人士知道當自己要做某件事情時，「什麼時候做」、「在哪裡做」、「要怎麼做（是坐在桌子前還是邊走邊做）」，才能盡可能提高表現。

最能提高效率的做法，是待在辦公室裡，坐在辦公桌前嗎？還是到常去的咖啡廳，坐在自己喜歡的位子上做比較好呢？又或是邊走邊做比較好……高效率人士會像這樣，**「靈活地組合提高表現的方法」**。

只要這樣提高單位時間內的產能，就可以創造出自由的時間，拿去見人或思索新企劃的點子等等，投入更需要創造力的工作上。

從一個人移動過程中不自覺進行的「移動過程例行公事」

就能看出他是否有好好掌控「時間密度」

7

可能迷路了的時候，該怎麼辦？

開口問人？

放大手機上的地圖？

爬上頂點的男人，
會詢問香菸舖的大嬸

課長止步的男人，
會放大手機畫面上的地圖

有人會「求助」、有人會「自己想辦法」

在前往目的地的途中，如果迷路了，你會怎麼做？我想很多男性都會死盯著地圖APP，試圖靠自己摸索出正確的方向。這麼做的話，幾分鐘很快就過去了。不過，有人卻可以花幾十秒就找到正確的方向。

這種人，就是會馬上詢問路人或附近店家的人。

當碰到自己不具備知識、沒有經驗的問題時，你會採取什麼做法？從零開始自己調查解決方法嗎？

當然自食其力的話會促使自己成長，也算是一件重要的事情，但始終無法避免花費太多時間的情況。某些情況下，還可能只會大大拖累做事效率。這種時候，如果能大方「求助」，並有幸獲得具備知識以及經驗的人相助的話，就能飛快解決問題了。

我個人在面對顧客的需求時，假如發現自己的必備知識與技能不夠充分，會馬上拿起電話話筒。查看公司內的內線電話表，猜測「這個部門搞不好有值得參考的資料」、「這個領域的這個人應該對這件事情滿了解的」，並試著聯絡他們。

詢問他們：「有位客戶找我商量什麼事，不知道您有沒有這方面的資料和文件呢？」就算第一個問的人手上沒有東西，對方也可能會說：「搞不好誰誰誰手上會有」之類的，然後把你介紹給其他人。

而且對方寄了資料過來後也不要就這麼完事，要進一步回覆：「非常感謝您！不過能不能借用您30分鐘，有些不太清楚的部分想請教一下。」然後帶著小點心盒到那個人的位子找他。

根據這些資料，提出方案及建議給客戶。客戶回覆感謝的話，再將這件事情回饋給幫忙你的人。別忘了跟幫你的人說：「多虧您當時有告訴我這些事情，這次的工作才能做得這麼順利。」

以指數型成長方式來增加「助你一臂之力的人」

問題解決、道謝完了之後，還是要盡可能增加組織內「會助自己一臂之力的人」。之後如果又碰到什麼問題，就聯絡前面那位一開始找的人、以及第一個人替我們介紹的人。

這麼一來，這兩個人搞不好就會個別再為你介紹其他人。這麼一來，你就會持續擴張公司內部的「商量對象」聯絡網，增加「情報來源」。對於非常熱心陪自己商量的人，我會請他吃頓午餐，加深關係。

應該也有人會覺得：「要聯絡平常沒什麼關聯的其他部門感覺有點障礙」。不過同一間公司的人，基本上都是同伴、都是同志，不需要顧慮太多。我不僅在公司內這樣，對於Recruit集團旗下的任何公司也一樣，心態抱持著「我們都是同一個集團，那就是夥伴了！」成功仰賴各方協助。而如今我也站在有人會尋求我建議的立場，只要有人詢問，我都欣然答應。

前陣子臉書Messenger上有一位不認識的男子傳了訊息給我。雖然都是Recruit集團的人，不過他跟我不一樣，不是人資領域的，而是住宅資訊相關公司的年輕員工。他的

訊息內容是：「我目前接觸的客戶已經很信任我了，說什麼也想讓他們下單。所以我想向您請教與客戶訪談的技巧。」他跨越工作領域與公司的框架，直接連絡我，這份氣概打動了我，於是我便和他見了面。

自己動腦思考，摸索解決方法的心態固然不可或缺，不過我們也可以妥善倚賴他人的指教，借助他人之力來解決問題。**我身邊那些爬上頂點的男人，都不會自傲、死要面子，反而讓人感受到他們輕鬆向他人求教的度量。**

從一個人會不會開口問人

就能明白他有沒有找到解決問題的最短路徑

8

該找誰做同伴？

酒友？

直屬上司？

爬上頂點的男人，會拉重要人物作夥伴

課長止步的男人，會看直屬上司的臉色

該選「直屬上司」？還是「該方面的關鍵人物」？

既然身在一個組織裡頭，請示上司判斷，或是跟上司報告、商量事情，都是工作上再熟悉不過的一部份。只要不是地位最高的董事長，所有的商務人士身邊都有「上級」。

比新進員工大的人就是小組長、比小組長大的是課長、比課長大的是部長，以此類推。該如何跟「自己的上級」相處，確實是一件至關重要的事。

不過，一般講到位階比自己大的人時，你是不是就只會想到直屬上司而已呢？

能爬上頂點的商務人士，都有一項共通點。

就是會和「工作上的關鍵人物」建立良好關係，而非靠攏「直屬上司」。

之所以會這麼說，是因為也有一些上司，在下屬申請挑戰新項目時，不會予以批准。如果說他們的判斷根據是「感覺不到這麼大的價值」、「風險過高」倒還情有可原，但某些上司只是覺得「還要往上呈報、開會討論，很麻煩」、「如果失敗害得自己名聲受損就頭痛了」，只想到自己而不動作，結果害下屬喪失拿出成果的機會。

那樣的上司自然是不合格的上司，可是你沒有必要在他底下毀掉自己的機會。**我們要跟在那位上司之上的人、以及董事這些具有決定權和影響力的關鍵人物成為夥伴。有些情況下，其他部門的優秀主管也不錯。**

不與直屬上司為敵就可以放手去做的方法

我建議的方法，是邀對方去吃午餐。任何人都需要吃午餐，從小員工到位高權重的長官，大家都會在同一個時段做同樣的事情，所以不必擔心會造成對方的負擔。由於這算是「休息時間」，所以不需要經過直屬上司同意。找個理由，如：「我對您所推行的××計畫很有興趣」、「我想請教一些有關您以前大顯身手的△△案子的事情」、「聽說您的興趣是□□，我也想說要來試試看」等等，相信對方就不會覺得哪裡奇怪，而答應你的邀約了。

還有一種方法，就是去找關鍵人物身邊跟自己同一時期進公司的員工，製造一個一起吃飯的機會。

我有個在大型電機製造商上班的學妹，她曾經找我商量說她「想要做一些更有挑戰性的工作」。她想盡可能往公司外面跑，多見見外頭的世面，進而尋找能夠幫助公司的方法。不過直屬上司的想法十分保守，怎麼樣都不認為這是一件好事，令她傷透了腦筋。她告訴我那名上司的上司的更上級，有一位掌管其下直系一切事務的董事在人事方面有門路，於是我就建議她試著去接觸那位董事。

她照著我的建議，在公司內部網路上也一併邀了一些同事，與該董事共進午餐，並在之後正式告訴那位董事希望能給她商量事情的機會。最後，她一償宿願，轉任到了行政機關，讓自己的工作更上一層樓。

完全不必害怕「自不量力」、或是「直屬上司知道的話可能會生氣」，因為根本就不會有公司規定你不能跟直屬上司以外的人溝通。

話是這麼說，但也沒有必要造成直屬上司的不快，甚至是與直屬上司為敵。會見關鍵人物後，一定要寫封信跟直屬上司報告。「前陣子恰巧在工作之外有幸與某某人認識，因而獲得對方支持〇〇一事。希望也能請您在精神上支持我。」類似這種寫法，然後在郵件的CC中也納入有關聯的關鍵人物。視情況，也可以找機會3個人一起吃頓飯。

透過這種方式，可以讓直屬上司以及關鍵人物都成為自己的夥伴。

我周遭那些爬上頂點的人，即便各有各的方法，**不過所有人都不會二選一，而是將雙方的優點一起納入事情的考量之中。**

從一個人選擇接近誰

就能決定他是能提升自我還是原地踏步

9

該稱讚下屬的「哪一點」？

過程？

結果？

爬上頂點的男人，
會連尚未拿出成果的
下屬也稱讚

課長止步的男人，
會看「業績」稱讚

比起上司，下屬對你的信賴對晉升的影響更大

如果你對爬上頂點的人的想像，是他們宛若一匹孤狼，將敵對勢力一網打盡，汲汲營營跑在眾人前頭的話，那你的想法恐怕落伍了。

我一路實際看下來，發現領導者的埋想形象從統御型，逐漸轉變成奉獻型、僕人式領導。人人尊敬的高效率人士、以強勢領導風範統御眾人的領導風格已經是過去式。**我深刻體會到，能激發每一位成員的強項與能力，以乘法而非加法最大限度發揮組織能力的輔助角色、陪跑員式的領導者，才是現在的社會想要的。**

到前面一節為止，我們提到在公司內找到能助自己一臂之力的人，並與他們建立關係的方法。如果是二戰後那個商務人士被稱作企業戰士的時代就算了，現在、還有未來，能在組織內嶄露頭角，一路往上爬的人，肯定都是「受到周圍的人支持」、「被周圍的人推一把」的人。

換句話說，就是深受後輩與下屬信賴的人。

我也見過不少高階主管，發現他們不僅受到上司與前輩的認可，「下屬對他們的信賴」更是影響他們出人頭地與否的關鍵。

培養下屬、指導後輩，身為組織的一員，誰都會負責到這些事情。聽說近來的新人和年輕人，不知道是不是也有一部份是受到寬鬆教育的影響，不太擅長與人「競爭」。由於一旦對他們施加壓力，就會害他們退縮，所以有人說採取「鼓勵促進成長」的管理方式效果奇佳。不過我認為要稱讚得好、要透過稱讚來幫助他們成長，有幾個必須注意的重點。

你平常會稱讚下屬和後輩嗎？「常常提醒自己要盡量稱讚他們」的人，會在怎麼樣的時間點，針對哪一點稱讚呢？

我猜應該很多人會在他們成功接到訂單、達成業績目標的時候大力讚賞吧。可是，也有些人一直繳不出什麼成績。就算本來只要繼續耕耘，未來就有可能大大開花結果的人，如果做不出成果的期間太久，也可能在中途就再也振作不起來了。上司的工作，就是好好支持他們，避免他們半途而廢。

所以**重要的是，即便沒有繳出什麼明確數字的團隊成員，也要找到一些「值得稱讚的地方」，好好鼓勵他們。**

不瞞各位，「能爬上頂點的男人」稱讚人的手腕高明得不得了。而受到稱讚，更有動力的成員就會成長，並支持願意認同自己的上司，替整體組織的業績提升做出貢獻。

你能不能找到「業績表」上看不到的「稱讚點」

我自己也當過主管。有一陣子是擔任一群業務的主管，團隊成員從進公司一年到十幾年的人都有。有一陣子是負責管理一群剛從大學畢業的新進員工。我以主管身分接觸的員工數超過一百人，也曾經和團隊一同創下公司內所有團隊中最優良的業績，獲頒「MVG（Most Valuable Group，最有價值團隊）」。

當時我惦記在心的事情，就是要找到每一位成員的「Good Practice（優良的行動、做法）」。就算還沒反映在營業額上，也要留意他們下的工夫以及做出的努力，關注、稱讚他們的小小成果和成長。比如說：「金額雖然不大，但接到了以前沒人做過的單」、「收到客戶寄來的感謝信」、「客戶邀他去吃飯」、「客戶那邊介紹了新客戶給他」之類的。

這些都是他們獲得客戶信賴的證據，都代表他們的行動有辦法獲得客戶的信賴。別忽略這些小事情，好好稱讚他們。

這麼一來，受到稱讚的成員，就會漸漸對自己的工作產生驕傲與自信，並帶著積極的心態做下去。

成果亮眼自然要稱讚，但我認為身為上司該注意的，是「在下屬還沒繳出成績之前，該如何稱讚他們得當」。

從一個人稱讚什麼地方

就能看出他平常有沒有好好關心下屬

10

該怎麼教導沒有時間觀念的下屬？

不責備？

斥責？

爬上頂點的男人，
會讓下屬明白「時間的價值」

課長止步的男人，
會直接破口大罵

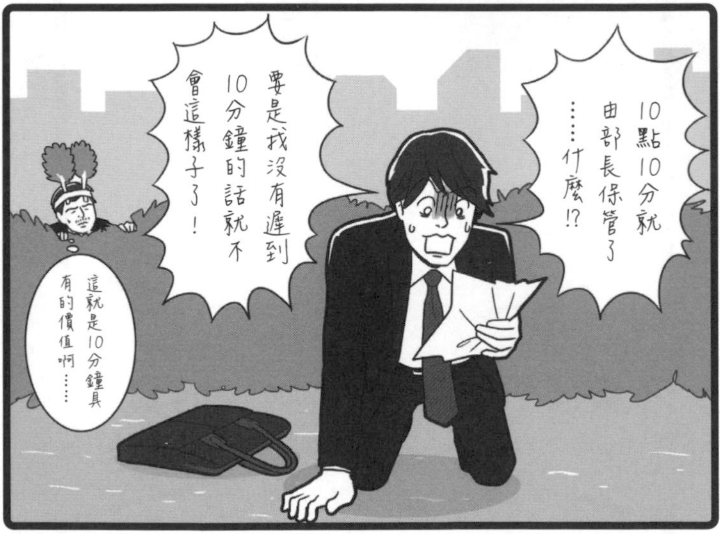

商場技巧能教，但必須明白「本性」難移

在培養下屬時，商場技巧在某種程度上還算是可以教的東西。**然而如果想矯正一個人本來就有的「習慣」和「本性」，老實說真的是難如登天。**

舉例來說，一定有一部份的人沒什麼時間觀念，不僅上班老是遲到，跟客戶見面時也晚到，這教上司掛心也不是不掛心也不是。

而對於慣性遲到的人，也只能採取一些手段好改善這個問題，但就上司的立場，即使下屬每次遲到時都不分青紅皂白臭罵他一頓，也不會有什麼效果。將下屬單獨叫過來罵也只是在浪費時間。

而且，這種人搞不好從以前開始就已經有遲到的毛病，也習慣被這樣罵了，甚至還覺得「反正我就是這樣，也沒辦法」，早就已經放棄，也接受這樣的自己了。到頭來只是罵人的人浪費精力，他之後再犯的機率還是很高。

那如果不罵，該採取什麼做法呢？我認為重要的是，**讓那個人去「思考」時間的「價值」。**

他怎麼看待遲到的10分鐘

每個人的時間觀念都不一樣。之前發生過一件事，讓我清楚體認到這句話。我跟某位董事長約好下午2點要去拜訪，而那位董事長晚了10分鐘才現身。似乎不少人認為「10分鐘還在容許範圍之內」，但那位董事長一進門就跟我直道歉。「真的十分不好意思。浪費了您寶貴的10分鐘，真的真的很對不起。」他道歉道成這樣，害我都有點不好意思了。我後來也請教了那位董事長，明白他平常有多注重10分鐘可以怎麼運用了。

時間是有限的，應該珍惜使用。比起斥責，更重要的是讓下屬明白這個道理。**比方說，給他們一項工作，並設1個小時內、30分鐘內、10分鐘內……之類的時間限制，培養他們對於時間的概念，也是一種手段。**

我擔任一群新進員工的主管時，把下面的文章印下來發給每一位團隊成員。雖然這是過去有一段時期流行的連鎖信內容，但確實是一篇發人深省的好文章。

想要了解1年有多少價值，就去問名落孫山的學生。

想要了解1個月有多少價值，就去問生出早產兒的母親。

想要了解1星期有多少價值，就去問週刊雜誌的編輯。
想要了解1小時有多少價值，就去問等著和彼此見面的戀人。
想要了解1分鐘有多少價值，就去問電車坐過一站的人。
想要了解1秒有多少價值，就去問剛躲掉一場意外的人。
想要了解0.1秒有多少價值，就去問奧運上拿了銀牌的人。
另外，也有一種方法是將時間換算成「金錢」。這是以前有位經營者教我的方法。
「森本小姐，妳知道自己時薪多少嗎？」那位經營者問我。我還在當學生的時候一天到晚打工，對我來說用時薪去思考金錢已經習以為常了，可是出了社會後，都是到了發薪日才發現錢匯進戶頭，漸漸忘了「換算時薪」的概念。當時的我聽到對方這麼說，感到震驚，同時也重新深思金錢的價值。
薪資、社會保險費、福利厚生費（類似勞健保）、教育費等等，把公司花在自己身上的總額換算成「時薪」的話，會是多少呢？你有回饋該金額以上的價值給公司組織、給社會嗎？這就是那名經營者告訴我的事情。

從上司對待部下遲到是用罵的還是用提點的

就能看出他的「時間價值」

11

該怎麼解決「時間不夠用」的問題？

提早30分鐘起床？

提早2小時起床？

爬上頂點的男人，
會調整生活模式，
輕鬆創造「2小時」

課長止步的男人，
會犧牲睡眠，
想辦法擠出「30分鐘」

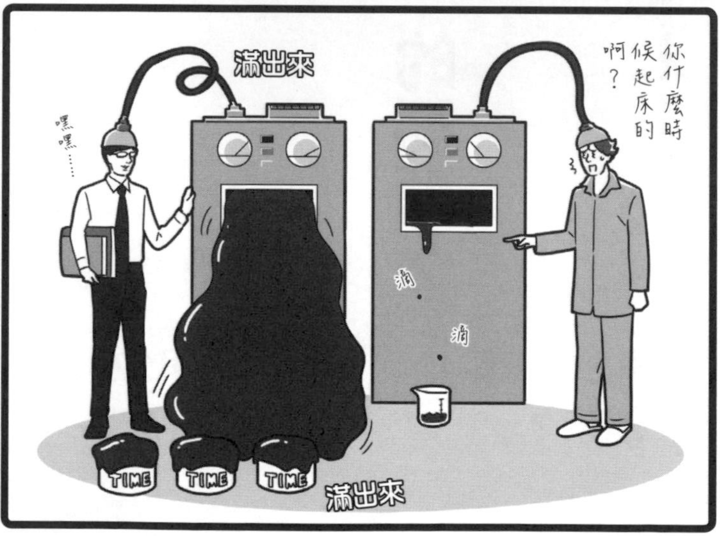

守時的人，也很善於創造時間

能夠好好把時間的重要性告訴下屬與後輩的人，大多也非常注重自己的時間。自己的時間**也是彌足珍貴，所以就連10分鐘也不願從別人身上奪走，十分珍惜光陰**。這種想法在和其他人開會的場合，以及其他各種地方都能看出來。

「時間就是金錢。」這是身為高階主管的商務人士所具有的其中一項共通想法，是非常重要的骨幹。

他們不僅十分注重該怎麼妥善利用時間，也親身實踐「創造」時間的方法。

日文中有一個詞叫「朝活」，大約出現於10年前，現在已經是一個常見的詞彙了。朝活的意思是一個人利用早晨時段讀書、做自己有興趣的事情，或是處理非常需要專注力的工作。

我自己也一樣，早晨的一大段完整時間，是我十分寶貴的工作時間。

我家有2個小孩，自從孩子出生後，我差不多晚上10點就和孩子 同上床睡覺，隔天凌晨3點起床，這已經變成一個習慣了。據說睡眠時間的黃金時段是晚上10點到半夜2點，而我的睡眠時間5小時，也包含了這段黃金時段，所以即使睡眠時間不長也能得到充分休息。

早上起床，做完家事之後，我就開始回信件與訊息。**有趣的是，我發現經營者和董事這些高階主管，就算是早上5、6點聯絡，也會馬上收到回覆。**

了解他們如何創造及使用「早晨時間」，就會感覺到他們跟大多數人不一樣在哪裡。他們應該不是**心想「必須朝活！」於是縮減睡眠時間以擠出30分鐘，而是非常游刃有餘，輕輕鬆鬆就創造出早上的2小時。**

高階主管將有效利用早晨時間視為生活型態中一項重要的基本行為，清楚明瞭早起的「目的」何在。

換句話說，他們會為了早起而付出一些行動。為了晚上有辦法早點睡，他們白天會提高注意力。即使因為身分關係，容易有較多晚上的應酬和飯局，也會在一定時間告一段落，確保身心都能好好休息的時間。他們絕對不會衝動之下就續攤第二間、第三間。

而假日的時候，他們會設定一個調整自我狀況的時間。比方說會去慢跑、上健身房訓練等等，加強基礎體力，轉換心情，藉以在日常生活中創造能量。

追根究柢，他們不是「縮減睡眠時間擠出30分鐘」，而是「改變生活型態本身，輕鬆創造出2小時的時間」。

改變生活型態，也會創造出不同的事物

而在做事方法上，也會因為徹底改變「生活型態」，大大提升效率。「生活型態」可以說就是前面提過的「系統」吧。我是在20幾歲時注意到了這件事。

那時，我正在開發新的業務。工作內容是去接觸企業，詢問他們的徵才需求，並想辦法拿下他們的徵才委託。

當初，我照著企業名單一間間打電話過去問，也就是所謂的「電話行銷」。然而不管我擬了多完美的講稿——而且當時我又較其他人擅長電話行銷，就連那樣的我——成功預約到客戶的機率也是微乎其微。１００通電話之中，好不容易才有1～3通成功接到委託。

那段日子持續了好一陣子，我打從心裡覺得：「打97通電話的時間都浪費掉了！如果要花上相同時間，我比較想花在真的需要我的人身上！」

就在這個時候，於某銀行分行上班的一位友人聯絡我：「我手上有負責一間公司的貸款，他們的人事部長來找我商量上頭指派他處理的徵才事宜。」於是便介紹了那間公司給我。

拜訪時，董事長便親自接待我，而且一上來就很殷勤。「您就是森本小姐嗎？早有聽說您是個十分優秀的人才了。」多虧了在銀行上班的朋友告訴他們我是個「值得信賴的人」，對方才會一開始就對我有所期待，並跟我說了許多事情。而跟他們的商談過程也非常順利，電話行銷中好不容易才約到的公司根本沒辦法拿來比。

「這就對了！」我意識到這點後，就不再把開發新業務時接觸到的對象看作最後一名使用者，而是定位成「會把我介紹給其他人的人」。換句話說，我並不是在開發新客源，而是在開拓可能會介紹顧客給我的「夥伴」。

我開始把可能有徵才需求的成長型公司與合作夥伴公司，如證券公司、銀行、投創企業、經營顧問公司等等，以及培訓公司等人才相關領域的公司列出來，並試著接觸他們。也請有從事這些方面工作的朋友替我介紹，還把這些領域的人聚集起來舉辦聯誼。

於是我就在差不多半年的時間內，和超過60間公司有了合作關係。而且也不斷有人介紹新的客人給我，甚至忙到我都覺得：「我以前到底為什麼要乖乖一間間打電話啊!?」

菜鳥時期，我曾深信「預約是靠電話打出來的」，不過光是磨練說話技巧以提高成功率，整體效率還是不太容易大幅提升。**不要被過去的「理所當然」給困住思考，必**

須時常抱著不同的想法。我也因此學到，這種典範轉移（Paradigm Shift）是非常重要的。

想要提高產能，我們該做的不是加班，而是放棄加班，改變「生活模式」來幫助自己不用加班就能提高產能。

我們必須要擁有提高做事效率這項目標，並去思考、去行動。

從一個人是會拖拖拉拉到加班還是選擇不加班

就能看出他有沒有目標

12

問題堆積如山，醒著睡著都在想工作的事情？

到瀑布下面打坐？

喝提神飲料？

爬上頂點的男人，
會在睡眠以外
創造「無」的時間

課長止步的男人，
會覺得
睡覺是最大的樂趣

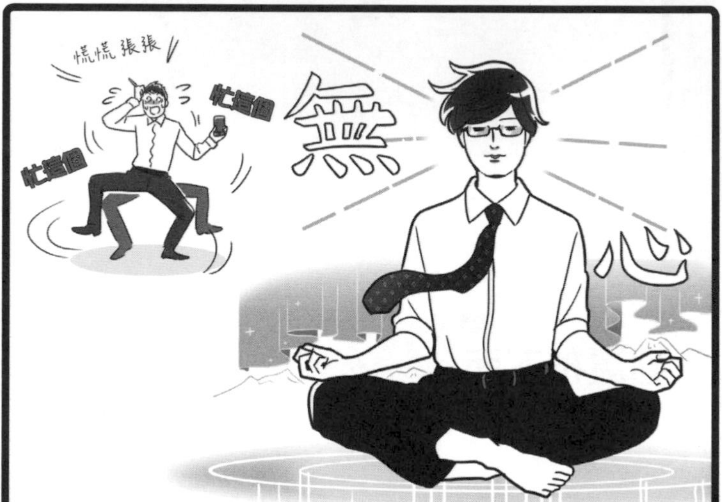

刻意去創造「無」的時間可以大幅提升做事效率

留一段時間給自己，排除雜念，進入「無」的心靈狀態，可以幫助你提高注專注力以及想像力，在工作上斬獲成果。以蘋果公司的創辦人，已故的史帝夫．賈伯斯為例，許多商務人士和運動員都將禪宗的思想帶進生活。

想進入「無」的狀態，方法並不是只有打坐和冥想。

如果觀察高階主管的生活習慣，會發現他們都會刻意去創造一段「無的時間」，即便表現形式各異。

而特別常見的形式就是「跑步」。他們會養成跑步的習慣，並以馬拉松賽為目標，或是挑戰鐵人三項。

現在，我週末的樂趣之一也是跑步。我大約從3年前開始跑，而契機是我滑雪時不小心受了傷，右膝韌帶斷裂。

當時我連走路都沒辦法好好走，在醫院待了1個禮拜，2個月左右都得靠柺杖輔助。經歷這些事情後，我就立志要「跑完全馬」，於是開始慢慢練習，現在每個週末我都可以跑5公里到10公里了。雖然離跑完全馬還很遙遠，但開始跑步之後我體會到一件事，就是正視自我。

很多人都說過跑步「可以去除雜念」、「可以面對自己」。我現在也終於明白，為什麼他們說跑步可以讓一天天累積下來的各種課題先歸零，再神清氣爽地面對工作了。

我也體驗過「捏陶」。原本以為自己平常喜歡跟人說話、跑來跑去積極參與活動，應該跟捏陶這種一個人默默做事不講話的活動八字不合，不過實際體驗之後，才發現做完後整個人身心都好舒暢。令我覺得：「留給自己這種時間也很重要呢」。

也有人覺得「做菜的時候可以進入無的狀態」。畫畫、組裝模型也可以說具有相同的效果。我還曾試過在瀑布下打坐，感受到那也能提升一個人的靈性。上山下海，用全身感官感受大自然也不失為一個好選擇。

「週末好想睡覺」是效率低落的訊號!?

即使慵懶地躺在沙發上看電視，腦中還是有哪裡想著工作的事情。就算睡眠充足，起來的那一刻，煩惱便迎面而來……。如果你有這樣的情況，也許應該重新規劃一下，找出適合自己的方法，留給自己一段「無」的時間。

也許也有人認為：「睡覺就是最放鬆的事情」。當然睡眠是絕對需要的，可是**「除了睡覺之外，有沒有設定另外一段讓自己進入『無』的時間？」我認為，這對於工作上的效率，以及日常生活中的活力來說都是不可或缺的事情。**

而除了專心於某件事情以進入無心狀態之外，和珍愛的家人與朋友談天說地，也可以達到「歸零」和「重新整理」的效果。比起單純靠睡覺消除身體的勞累，我認為和他人一同度過快樂的時光，再次親身體會「重要的人的存在」，更能夠替你補充能量。

如果「假日只想睡覺，不想見到任何人」的話，那可是警訊。除了疲勞之外，這可能還顯示出「工作效率」正在下滑。

提高工作效率的方法，就是「歸零」和「重新整理」。如果沒有適度把這些時間留給自己，每天就這麼渾渾噩噩的，那你非常有可能會忘了工作的目的，把工作單純視為一種「勞動」。

一天之中，你有沒有一段時間遠離工作，進入「無」的狀態呢？有沒有做什麼事情，讓你快樂到忘了工作呢？

請各位千萬別忘記，那些事情可以提高工作的效率以及產能。

高階主管的人都有一個共通點，就是他們會積極留時間下來陪伴家人和朋友。

從一個人週末是有其他安排還是睡覺

就能看出他現在的工作效率

13

證照和英文，該怎麼面對「成人的學習」？

1天花5分鐘慢慢來？

一下子就用上3個小時？

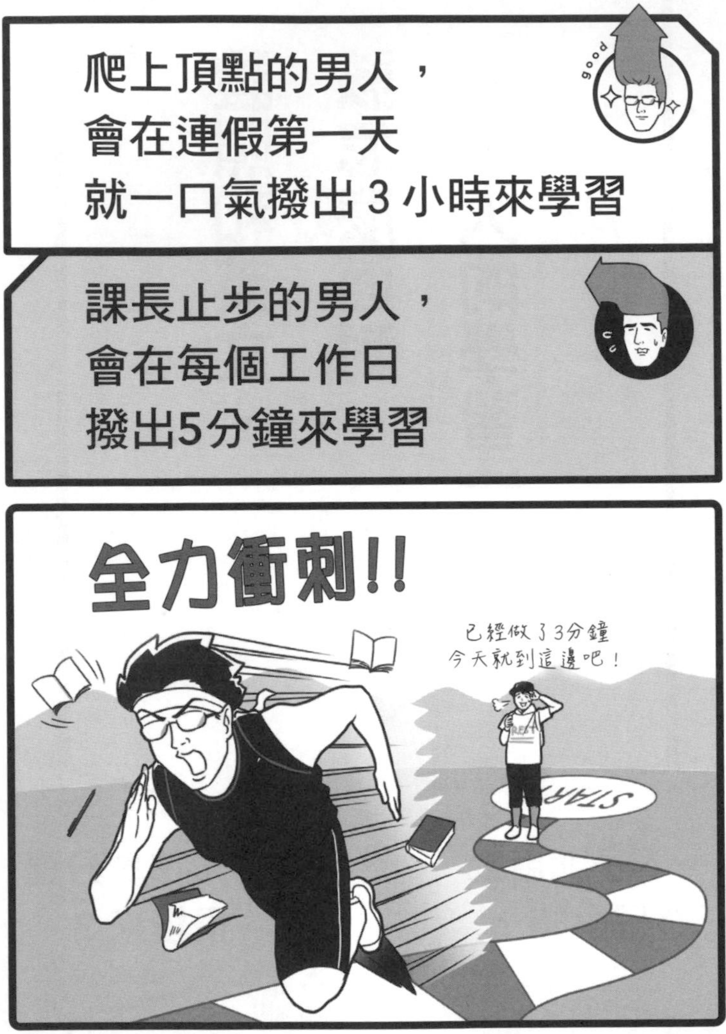
good
爬上頂點的男人，
會在連假第一天
就一口氣撥出 3 小時來學習
課長止步的男人，
會在每個工作日
撥出5分鐘來學習
全力衝刺!!
已經做了3分鐘
今天就到這邊吧！
START

「開始時刻」之所以最為重要的理由

考證照、提高英文能力、或是學習行銷與管理的專業技能……相信不少商務人士都有這種「必須提升自我」的想法吧。我也聽到很多人確實身體力行了，但卻是三分鐘熱度。

沒辦法堅持下去的人最常見的問題，其實在於「先從1天5分鐘開始做起」的想法。「利用搭電車和見客戶的空檔時間學習」也一樣，就算原本打算以沒什麼壓力的步調慢慢去做，卻很難維持下去。

至於「高階主管的學習方法」之中有個共通點，他們從一開始就把引擎點燃，全力衝刺。剛開始的時候集中精神，卯足全力，盡早「養成學習習慣」。這麼一來就能夠維持下去，確實學到東西。

容易做事3分鐘熱度的人，問題出在「開始的方法」。

具體來說，高階主管並不會「從星期一開始每天學一點」，而是「利用連續假日」開始一項學習。

好比說，把整整10天的假期，或是抽出一半假期，拿5天來學習如何？這麼一來，等假期結束後，你也會覺得「我都把這麼寶貴的假日用在學習上了」，自然也就不會那麼輕易放棄了。

購買教材時，一開始就投資很多金額下去也很有效。利用「我都花這麼多錢跟時間了，不想要白白浪費」的心理作用，也可以維持學習動力。

一個人學習的話總會摸東摸西，遲遲無法開始，也沒辦法集中注意力……如果你是這類型的人，也可以利用學校或是講座來幫助自己學習。這種情況下，也最好盡量先從「密集上課」開始。開始學習時，不要從平日撥出1～2小時開始做起，而是找1個完整的假日上整天課。

正因為是初學者，才需要從模仿形式開始

一開始學習的時候就用上大量且完整的時間、期間，不僅會讓你「不想浪費已經砸

下去的時間，所以不容易放棄」，還有另外一個效果。**那就是「你會很快達到一定的程度」**。

讓我親身體會到這件事的原因，是高爾夫球課程。兒子升上國中，進入高爾夫球社，而我也受到兒子影響，重拾高爾夫球。十幾年前我在打的時候，大概一個月會上1、2次課。可是有時候碰到急事必須跟老師請假，結果隔了太久，下次又得從頭學起。不僅無法長期維持，當然技術也好不起來。

由於我想起那段辛酸的經驗，這次我決定改變方法。

首先利用連假期間開始。我預約了高爾夫學院的密集課程，正式開始學習高爾夫。

我認為，學習有4個步驟。

（1）連自己還不會什麼、要問什麼都一頭霧水

（2）已經有一定程度理解，但身體跟不上

（3）只要注意到重點，有時候就做得到

（4）就算不刻意去想也做得到

進入第4階段，不需刻意去想也能做到，就表示「已經習慣成自然」了。只要養成習慣，你就有辦法自然而然繼續下去，甚至不做就沒有過了一天的感覺。如果是高爾夫

的話，就是學到你拿起雨傘的時候會下意識做出揮桿動作的程度。

如果抵達可以下意識做出動作的「臨界點」，之後不用太費力也可以持續下去了。

為了盡早抵達那樣的階段，選擇大量且完整的時間、期間開始學習新事物，這就是做事有成效的人學習的方法。

從一個人選擇什麼時候開始學習新東西

就能看出他有沒有辦法持續下去

14

如果聽到感動萬分的名言佳句該怎麼做？

銘記在心？

筆記下來？

爬上頂點的男人，
會筆記起來

課長止步的男人，
會記在心上

我之所以總是把「格言」好好「筆記」下來的真正理由

據說一些大型企業董事長有一個習慣，他們在讀報章雜誌時，如果發現令人印象深刻、有感觸的報導，就會剪下來，貼到剪貼簿上，並好好收藏起來，不時拿出來看。

不少成功人士都有一樣的習慣。

大家應該有過在電視、雜誌和網路新聞上看到一些事件跟新聞，或是聽到誰說的話時被打動的經驗吧？有時我們會從中得到教誨，心想「都有人這麼努力了，我也得加把勁才行」，因而再次堅定決心。但就算當下這個想法很堅決，現實情況是我們很難「一直都這麼想」。

人類終究會忘記事情。如果有自知之明的人，就會把打動自己內心的事件和言語具體留下來，一次又一次找回初衷。利用這種方式，保持自己的決心和覺悟，最後達成自己設立的目標。

我自己也是「名言佳句收藏家」。不管是知名人物的話還是詩詞，只要聽到打動內心的話語，我就會馬上筆記起來。以前會用手寫方式記在筆記本上，現在則把所有話整理起來電子化，輸入成「感動檔案」。**這些檔案數量已經超過500個了**。當我煩惱、碰壁時，當我站在分岔路口、當我要設立新目標時，我都會回過頭來閱讀這些檔案。

比方說，每年換新的行事曆時，我都會寫下一段話：「改變意念，就能改變行動。改變行動，就能改變習慣。改變習慣，就能改變人格。改變人格，就能改變人生。」

這些話不僅可以用在自己身上，也可以運用在跟下屬、同事和客戶，以及其他各式各樣的人談話的時候。比方說，要鼓勵一直做不出成績的後輩跟下屬時、或是要給不確定是否該轉職的人建議時，我都會把一些適用於對方情況的話語，寫在郵件以及卡片中送過去。

我也會在演講最後，拿出其中的一段話來收尾。與其以直述方式傳達訊息，感覺詩詞和格言更容易深入人心，沁人肺腑。

體認到「人是健忘的生物」，並做好應對措施

另外，客戶送來的感謝狀、客戶投訴時我寄過去的道歉信，我都從菜鳥時代開始累積這些東西，到現在過了20多年依然保管得很好。菜鳥時期，做什麼都很新鮮，懵懵懂懂，橫衝直撞。我為了不忘記那種商務人士的「初始經驗」，才把當時的各種資料都留了下來。

聆聽學生時代流行的歌曲，就能夠回憶起當時的心情。而「看著」過去用過的東西，也可以清楚想起使用那些東西時的場景。隨著經驗累積，很多東西逐漸變得「理所當然」，但若能不時回過頭看看菜鳥時代的紀錄，就可以讓人回歸初衷。也可以回想起當初選擇這份工作的自己的「大義」，以及對培養我走到今天的各方大德的感念。

有很多創業家會把創業至今的公司變遷，以文章和相片的形式詳實記錄下來。也有公司會把這些資料整理起來，發放給公司員工，讓不知道創業時有多艱辛的年輕員工深深了解企業理念。

「人是會忘記事情的動物」。接受這個無可抗拒的事實，並且做出一些應對措施以防止自己徹底遺忘。感動的事情、烙在腦海的事情、該做的事情，把所有事情實際記錄下來，也是高階主管的共同習慣之一。

從一個人會不會做筆記

就能看出他有沒有累積自己足跡的習慣

第 2 章

能爬上頂點的男人貼心得恰到好處

15

新幹線上該坐哪個位子？

走道旁？

窗戶邊？

爬上頂點的男人，會坐在3人座的中間

課長止步的男人，會避開3人座的中間

從「坐哪個位子」，可以看出一個人「離機會的距離多近」

假設你到了一個地方，那邊有一堆你不認識的人——好比說出席講座和研討會——這時你會坐在哪裡呢？再不然，你在訂新幹線跟飛機票的時候，會劃哪個位子呢？

我想應該有很多人會盡可能選邊邊的位子吧。這是因為人會想盡量擴張社會心理學中提到的「個人空間」（Personal Space。自己周圍可以容許他人接近的空間、心理上的地盤），所以選擇旁邊不會有人過來的位子，可說是極其自然的行為。

可是，人不靠近你，也就代表你自己選擇遠離了一些好的緣分。

新幹線上，通常都是窗邊、走道的位置會先被劃走，而3人座的中間位子都會剩下來沒錯吧？這雖然只是我個人的情況，不過我有一個「就是要坐這裡」的固定位子。

就是3人座的中間位子。

不是乘客很多的時候才這麼選，就連沒什麼乘客時，我也會劃「旁邊有人坐的中間位子」。搭新幹線時，我不會搭比較高級的綠色車廂。我只是單純認為「綠色車廂很空，旁邊可能完全不會坐其他人」。

對我來說，能否坐在其他人的旁邊很重要。

然後我會看準時機，向兩旁的人搭話。在前面的章節，我有說過我會在新幹線上剪貼報紙，而當我剪貼完了之後，就會跟旁邊的人說：「不好意思，剛才剪剪貼貼的打擾到您了。」也會說：「這些舊報紙已經不要了，如果不嫌棄的話您就拿來墊腳吧。」然後把剪貼後不要的報紙推向對方的腳下。

即使不是搭乘新幹線，我也會想辦法創造跟鄰座的人說話的機會，所以一直以來身上都會帶著一個放糖果的小包包。在新幹線上，我也會抓住機會遞出糖果，問問對方：「不介意的話要不要來顆糖呢？」這種跟大阪大媽沒兩樣的「給糖作戰」，對於縮短自己跟初次見面的人之間的距離，效果之好超乎你的想像。

接著就可以開啟話題，如詢問：「您是來出差的嗎？」進而交換到名片。之後我也協助過某些人換工作，還有人請我去演講，甚至也有人和我成為好朋友，建立起長久的關係。

從接受糖果的方式就可以看出「對方希望保持的距離」

「創造緣分的給糖作戰」這個說法一半沒錯，另一半卻不是這麼一回事。**我會從「遞糖果時對方的反應」，來拿捏對方需要跟我維持怎麼樣的距離。**

雖然區區一顆糖果，沒什麼日本人會視而不見，也不太會有人做出「拒絕」這種不成熟的舉動，可是如果對方的反應讓我感覺到他其實「不想要被打擾」，我就不會硬要跟人搭話。不過，這種情況比想像中的還少。

搭新幹線時偶然認識了不錯的鄰座乘客，這種情況還不少。而這種機會再多也不為過——所以我不管是搭新幹線還是搭飛機時，都會選擇坐在左右都有機會創造緣分的中間位子。

而且說實在的，新幹線有十幾節車廂，光是能在同天的同一個時間坐在隔壁，根本就已經是此生絕無僅有的緣分了。都這樣了還不跟對方說說話，那實在太可惜了！老實說，我有好幾次因為機緣巧合，在工作上以及人生志業上都仰賴有幸在新幹線上認識的人相助，因此做出了很棒的成果。

爬上頂點的人「不會乾等」、「不會裝傻」

我認識的高階主管之中，也很多人都有「主動搭話」的習慣。我自己不僅會主動搭話，也常常有人找我攀談。

有一次，事情發生在我搭飛機到國外出差時。上一章也有提過，就是因故升級到商務艙的那次發生的事。

距離抵達目的地還有大約8小時。這種情況足以讓人期待一些新的邂逅，但好巧不巧，當時我手上有份資料必須趕緊完成並送出去，根本沒有多餘的心力去跟旁邊的人搭話。我打開筆記型電腦，開始製作資料。

然而我因為連續熬了好幾天夜直到出發前一天，鍵盤敲著敲著，竟然就不小心打起瞌睡來了。結果坐我旁邊的乘客拍了拍我的肩膀，向我搭話。

「妳打成aaaaaaaaa……了耶，還好嗎？這應該是滿重要的文件吧？」

「啊！謝謝您。不好意思，我這幾天一直在熬夜，結果不小心就睡著了……」

以此為契機，我們開始聊天，也建立起了良好的關係。對方說：「我忘記準備參加當地派對時要配的領帶了，所以想說在飛機上買一條。」我們真的非常投緣，他還讓我替他挑選領帶。之後也談及工作上的事情，說著說著，才知道對方好像正考慮換一份工作。「希望回國之後能再約個時間見面，我想找您商量商量換工作的事情。」他這麼拜託我之後，我們就道別了。

回國幾天後，某企業的董事長找我商量儲備幹部徵求事宜。而問了他們想要什麼樣的人才後，驚訝地發現，這完全符合飛機上那位仁兄的經歷。於是我馬上連絡他，替他和董事長牽線，而且最後真的轉職成功了。

如果從對方的角度來看，就是發現飛機上剛好坐隔壁的女性打電腦打到一半睡著，畫面變得亂七八糟的而已。他大可選擇嗤之以鼻，不理不睬，然而他卻把我叫了起來，並跟我聊天，甚至好奇地詢問我「在做什麼工作」。

結果就是，**主動創造的小小緣分，在左右人生的重要轉職選擇時幫了自己一把，把握住了機會……沒錯吧？**

是否會觀察周遭，對他人抱持興趣

這種邂逅，也發生在我出差完回國的班機上。

我跟以往一樣，劃了3人座的中間位子。鄰座兩位乘客都是四、五十幾歲，西裝筆挺的商務人士。不過他們兩位一上飛機，都馬上戴起眼罩沉沉睡去。錯失搭話機會的我只好無奈地看起電影。

結果沒想到那部電影感人肺腑，一個沒注意自己已經哭得唏哩嘩啦。我沉浸在電影的世界中，不時拿起手帕擦擦眼淚、擤擤鼻涕。

電影快要結束前，機上開始供餐，我也回過神來。這時旁邊的乘客向我搭話了。「您剛才哭得好兇啊。發生什麼事了嗎？」如果坐在旁邊的人動來動去、抽泣不已的，怎麼有辦法好好睡覺呢？他應該也是睡到一半醒過來，就一直很在意我怎麼了吧。

「不好意思，吵到您了嗎？我看電影看得太感動了。」從這句話開始，就帶到了「您對看電影有興趣嗎？」甚至發展成「您平常假日都會做什麼」的話題。他說：「我對跑步還滿有興趣的。」話一投機，我就說：「我有時候也會跑跑步！」結果另一邊的乘客也加入了我們的話題，3個人起勁地聊了一陣子。最後還約好：「這也是緣分一場，不然下次我們3個一起到天皇的宮殿外圍跑個步吧。」

平常我雖然會使用「要不要來顆糖」的作戰，主動跟人搭話，不過在這次的商務艙航程中，去程跟回程都是旁邊的人向我搭話。這幾位都是會受人邀請去演講的諮商師和大老闆。

能爬上頂點的人，會觀察周圍，對人抱持興趣，主動創造一些小小的緣分。這件事情，讓我深深體會到自己已經對這些事情習慣成自然了。

從一個人會不會主動搭話
就能看出他能不能把握好緣份

16

搭電梯時，覺得尷尬嗎？

摒住呼吸撐過去？

假裝沒注意到？

爬上頂點的男人，
不覺得搭電梯的時間
有什麼好尷尬的

課長止步的男人，
會覺得搭電梯時
很尷尬

到底是什麼造成了電梯裡「莫名其妙的尷尬氣氛」

有次，我發現了一件事。**工作能力越強、越有辦法在組織中一路往上爬的人，在與人共乘電梯時，越是不會感到尷尬。**

「一坐上電梯就安靜得有點尷尬」，任誰都有這種經驗，我也不例外。很多公司會張貼「電梯內請保持肅靜」的告示，所以也許也有人的情況比較偏向「不說話」。

為什麼「搭電梯的幾十秒會讓人覺得尷尬」呢？

仔細想想，我就發現了一件有趣的事情。尷尬的氣氛，絕對不是出現在你跟陌生人共乘電梯的場面（不如說，即使和不認識的人共乘也不會尷尬），而是在跟同事、上司、下屬，也就是跟認識的人一起搭電梯才會出現。

我認為這個時候的「氣氛」，是「大家都在等別人丟話題出來的氣氛」。所以有辦法自然而然開啟話題的人，是非常令人欽佩的。這也證明了前面的章節提過的事情——爬上頂點的人「不會乾等（別人搭話）」、「（對於尷尬的氣氛）不會裝傻到底」。

「好久不見！令郎長多大啦？」、「最近還有在跑步嗎？」、「您會去看足球賽嗎？」、「這陣子都到哪邊吃午餐啊？」

不用刻意去想，也能找到一些話題吧？像是對方跟自己之間的共同話題、稀鬆平常的私人話題。舉個最簡單的例子，聊天氣也可以。**能爬上頂點的人「不會乾等」、「不會裝傻」**。

為什麼最好跟別人說聲：「妳換髮型啦？」

這種情況當然不僅限於電梯內。

總是朝氣蓬勃的人，如果看起來似乎沒什麼精神的話，不要只在心中想「怎麼了嗎？發生什麼事了？」而是要化作語言告訴對方。

如果發現對方改變髮型了，就說：「妳換髮型啦？」如果發現對方的領帶跟平常的風格不一樣，就說：「這條領帶很好看喔。」像這樣，把你注意到的事情實際說出來。這個習慣可以慢慢拉近你跟對方的距離，幫助你和周遭的人們說起話來暢通無阻。

對於稱讚女性的外表，或許有不少保守的人會認為「這樣可能構成性騷擾」，不過假如說一個女生換了髮型，卻都沒有人對此表示什麼，其實是非常令人灰心的。「妳換髮型啦？很適合妳喔。」就這麼一句話，便能讓女生的心情好起來。

重要的是讓對方知道「你的變化，我有看見」。是人都有「尊重需求（esteem needs）」，也就是有「希望人家注意自己」、「受到他人認可」的欲望。

人對於關心自己的人，會產生好感。如果對方是下屬，他們就會產生「希望能幫上這個人的忙」、如果是客戶則會產生「想跟這個人合作」的正面情感。

「雖然妳說要說點什麼，可是我也不知道該說什麼才好。」如果有這種想法的讀者，可要提高警覺了。我雖然說要「注意」他人的變化，但這種事情，對平常就不怎麼關心、不觀察周圍人事物的人來說可是很困難的。

所以說到底，平常就要關心周遭的人。就是因為平常就有「觀察」，才能注意到別人身上「細微的變化」、「跟之前不一樣的地方」。**能發現變化的人，就是平常就有在觀察的人。能爬上頂點的人，基本上平常就會留心身邊的人事物，去觀察、去發現，並說出來**。這是我看過這麼多商務人士之後所得出的結論。

對於初次見面的人，說出你發現的事情也很有正面效果。

我自己有幾套特別量身訂做的套裝，其中有1套我平常不會穿，因為它的顏色對我來說是一種「挑戰」。有一天，我穿著那套碧藍色的套裝見了好幾個人，其中只有一個人跟我說「這一套很好看耶」。抱著期待的心情穿上這套套裝的我，聽到這句話非常得開心，當然對那個人的印象特別深刻。

從電梯裡的尷尬狀況
就能知道一個人是「被動等待的人」還是「主動出擊的人」

17

回禮時該怎麼挑選？

高級巧克力
肯定
沒問題吧？

「○○小姐喜歡
什麼？」

爬上頂點的男人，
會思考「對方可能會
喜歡的東西」

課長止步的男人，
會衡量「預算」

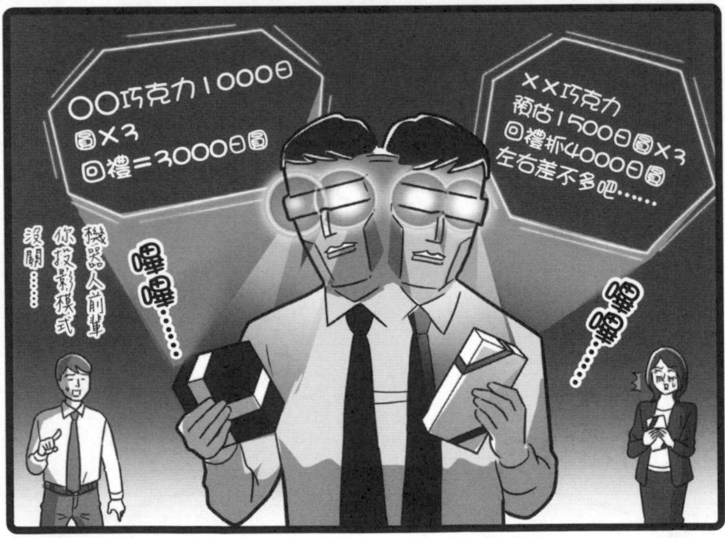

相信「白色情人節必須3倍回禮」的人忽略的事情

假設情人節時，工作上有女性送你人情巧克力。各位讀者到了白色情人節會怎麼回禮呢？

我也會在情人節時，送禮給工作上有來往的許多人。基本上會統一送相同價格的相同東西，不過白色情人節時收到的回禮還真的是什麼都有。

當然，不管收到什麼都很令人開心。不過經過一段時間後，感覺還是會分出有留下印象跟沒什麼印象的東西。

那麼，不會留下印象的禮物──我絕對沒有要說送這些禮物的男性的壞話，不過我收集了許多女性友人的意見，發現大家想得都一模一樣，令我非常驚訝。

不容易留下印象的東西，通常就是那些「經典款」，而且看得出送禮的人心想「送禮選這個基本上沒問題」的東西。看了就可以想像，這是先有預算，再從預算範圍挑出「選這個的話應該不會錯得太離譜」的東西。

至於那些令人特別開心，會留下印象的禮物，都可以讓人感受到對方是有用心思考：「森本小姐應該會喜歡這樣的東西吧。」

有辦法這樣子挑選禮物的人，平常在對話中就會仔細觀察對方。只要有稍微聊過，就能掌握對方的喜好與價值觀。或許也可以說，具備這等觀察力，對他人抱持興趣的人，都深受周遭人們的信賴與幫助，才出人頭地的。

不只是情人節與白色情人節這種節日，平常就會送一些用心的小禮物，也是「爬上頂點的男人」具備的特點。他們會抓住對方的心，讓對方成為支持自己的人。

舉個我自己的例子。在餐會上，我明明屬於招待方，卻有一位客人帶了伴手禮過來。我感覺自己受到尊重，非常開心，於是就想盡量為那位客戶多付出一些心力。另外一個例子，有一位與我共進午餐的客人，似乎剛好前一天在臉書上看到我的生日，於是對我說：「明天是您的生日吧？」並給了我一份禮物。我打開包裝，發現是一款感覺很高級、香氣十足的護手霜。我非常感動，心想：「這位客人很了解女人心呢。」同時，也讓我想要盡己所能給些回禮。

送禮不是只要貴就好，重要的是必須發揮想像力，去探索對方的喜好以及心情。

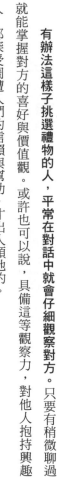

令人印象深刻的禮物一定會附上「這個」

就算是前面提過那種「不容易留下印象」的「經典」禮品，只要多做一件小事，就能感動對方。

例如說，寫一張小卡片的效果就不錯。有一次，我收到一名IT企業董事長寄來的信，令我十分驚訝。那位董事長是位電腦不離身，就連在會面商談時也一直敲著鍵盤的人，可是白色情人節禮物所附的信紙內容，卻是用鋼筆書寫的。

驚訝於跟他平常給人的印象落差太大的同時，我也感受到了灌注在那工整筆跡之中的心意，因此十分感恩。

站在對方的立場想、多花費一點心思，對方一定感受得到。

收禮方不要注重回禮品金額
要看花費的心思

18

什麼樣的人可以讓人一再「介紹」給別人？

規規矩矩的人？

優秀傑出的人？

爬上頂點的男人，會「三番兩次聯絡道謝」

課長止步的男人，會馬上令人操心：「到底怎麼樣了？」

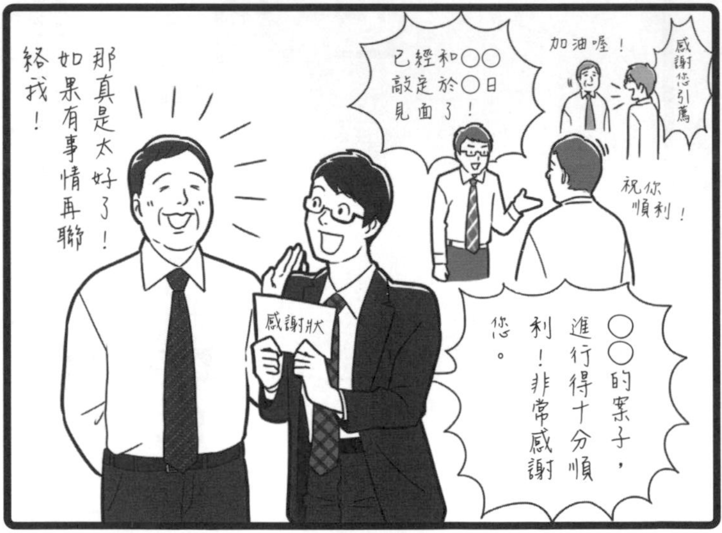

有人一再被人介紹、有人被介紹過一次就沒了

我曾請教過一些拿下業績第一名的業務，「高業績的祕訣」是什麼？幾乎所有人，都不太會花時間跟勞力在開發新客戶上，而是經由「介紹」來獲得新的客戶。能做出成績的專案小組長也一樣，會利用人脈找到優秀的公司外夥伴，將專案推向成功。

像這樣，他們身邊的客人總是絡繹不絕。這是因為即使放著不管客人也會自己送上門來，他們還是很善於主動拜託其他人：「幫我介紹給誰誰誰」。

當然，一個人的工作態度和人品必須足以信賴，才會讓人「想介紹給別人」，不過**即使一個人本身很優秀，分出高下的地方還在後頭。**

你受人引薦之後的應對進退，會影響最後的結果。介紹你的人是想「下次也把你介紹給誰誰誰」？還是就這麼淡忘、或盤算「如果處理得很糟糕的話，下次就別介紹他了」？

至今我和各行各業的人有來有往，也經常有人請我幫忙——實在非常感恩，介紹一些人給他們認識。有些人是想認識「可能會需要我們公司提供的商品、服務的人」，有些則是想認識「具備我們手上工作方面專業技能的人」或「可能會和我們成為商業合作

夥伴的人」，每個人的要求都不一樣。

如果我認識符合這些需求的人，我就會馬上介紹給他們，其中有些人日後讓我覺得「有介紹真是太好了」，也有一些情況讓我覺得很遺憾。

受人引薦後，規規矩矩將「進展」與「結果」逐一回報給介紹你的人，會讓對方覺得「真是太好了」、「還想再把你介紹給其他人」。

「承蒙您介紹某某某給我認識，我們已經約好於哪天見面了。」

「前陣子和某某某見了面，聊了什麼什麼事情。」

「我和某某某簽約了，真的很感謝您當初替我介紹。」

像這樣，不定期將事情的進展回報給介紹你的人，可以讓對方十分放心。而如果受人介紹之後就再也沒聯絡的話，就會讓對方開始不安，心想：「不知道他們有沒有聯絡上」、「是不是不太適合介紹這兩個人給彼此認識呢」。「讓仲介人不安的人」，很遺憾，就很難再有下一次的介紹機會了。

要推銷自己的話，請做好「個人檔案」

我剛才說的，可說是介紹的「基本」，而「讓自己被人介紹的達人」在託人介紹自己時，還會多下一份工夫。

那就是**替仲介人省去說明的麻煩**。

假設A拜託C：「能不能請您幫我跟B牽個線呢？」這時，同時認識A和B的C，在跟B介紹A時，就必須說明「A是一個怎麼樣的人」。

對於忙碌的C來說，這是一件稍嫌麻煩的事情。有時可能時機不好，於是聯絡B一事一直往後延，到最後替A與B牽線的事情就這麼結束了。

真的希望請別人幫忙介紹的人，就會為了避免這個情況，準備好自我簡介。

把這份自我簡介交給仲介人C：「請您直接照著上面的東西告訴B就好了，上面寫了關於我個人的介紹。」而C只要告訴B說有一個朋友想介紹給他認識，然後把A的文章轉貼給B就好，根本不花時間。而且這樣還能避免仲介人一個不小心，把錯誤的資訊告訴給對方的情況。

之後如果順利搭上線，也不要只跟仲介人說聲「謝謝」就沒了。請把你感到開心的情感，以及和對方見面之後的想法、之後的發展告訴仲介人，例如：「真的很感恩能有這麼一段緣分」。

對於這樣的人，仲介人自然就會覺得：「我有替他介紹真是太好了」、「如果有機會的話再把他介紹給其他人吧」。

「我想介紹你給一個人認識，你有沒有興趣跟對方見個面？」有辦法從四面八方接到這種聯絡的人，會主動付出行動以提高仲介人的介紹意願。他們都是會讓人「願意為他出份力」的人。

從一個人受人介紹的機會多寡
就能看出他的行動是否讓人願意為他付出

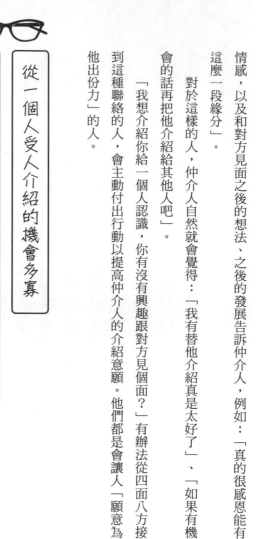

19

在「晚上去的店」裡怎麼樣才得體？

別人應該替我著想？

要替他人著想？

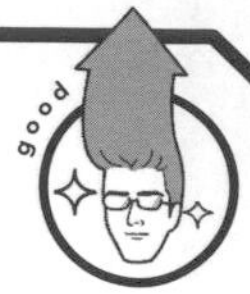

爬上頂點的男人，不會讓任何人丟臉

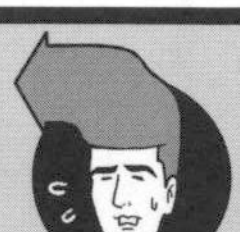

課長止步的男人，上門 3 次就把自己當常客

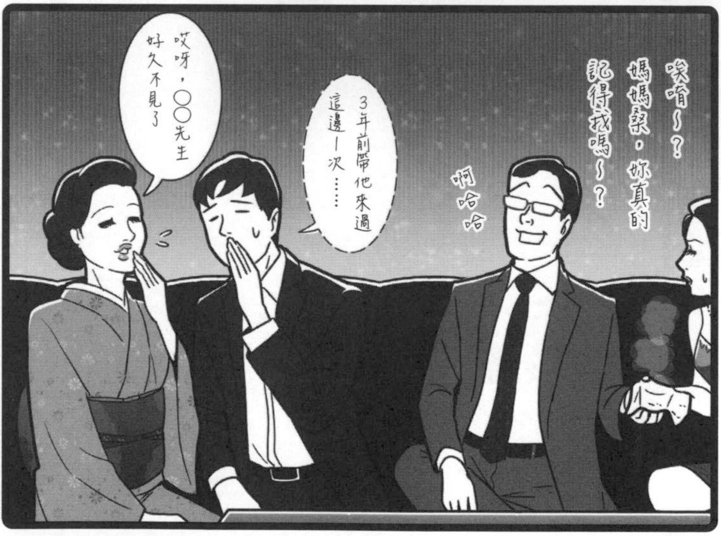

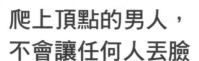

「1日銀座小姐體驗」讓我學到的事情

招待客戶、或是受到客戶招待時，相信有很多人會在餐會之後前往有許多女性的「夜晚的店」。

我以前曾體驗過「1日銀座小姐」。那間店叫「稻葉」，就是「亞紀媽媽桑」的店。亞紀媽媽桑還在早稻田大學就讀時就從事女公關，29歲時獨立開業，也寫了一本書：《銀座的秘密——為什麼這間酒店的小姐總是能保持超一流水準》（銀座の秘密——なぜこのクラブのママたちは、超一流であり続けるのか／中央公論新社）。

以前，有客人帶我到銀座的高級酒店去過，那時我看到那些女孩得體的談吐舉止，令我大感佩服。而我也想，這些男性是為了滿足什麼需求才會來酒店的呢？1小時就灑下好幾萬日圓，到底價值在哪裡呢……這份好奇心，促使我請他們讓我體驗看看1日「小姐」。

我受益匪淺，甚至想把當天學到的所有事情全都筆記下來。其中令我驚訝的是，她們對接待客人的小姐們所進行的教育。

營業時間從晚上7點開始，小姐們必須在傍晚5點左右集合，共同讀日本經濟新聞報，並舉出各自有印象的報導，或是分享當時很多人在談論的電影及書籍的資訊。他們會磨練對資訊的敏感度、訓練解讀風向的能力。知道這件事，令我在酒店開門營業前就大為吃驚。

帶頭的小媽媽桑聽到一位小姐說：「最近比較忙，都沒有看電影。」便非常嚴厲地說：「妳這樣怎麼行。」並告誡她：「如果妳不好好投資自己，就無法提高自己的價值，當然也無法提供足夠的價值給顧客。」

接著是開店後。雖然也有不少顧客是聽到我要做1日小姐而來捧場的，不過我覺得「畢竟這種機會難得」，所以也請店家讓我去招待普通的客人。很多人是來享受聊天的，但令我印象深刻的，是有位客人悄悄地獨自上門，也不跟人說話，就這麼默默喝著酒。

看樣子，也有人在煩惱問題、必須做出重要選擇時，會跑到這裡度過時光，藉以整理自己的想法，或是做好心理準備以給出答案。

「我們不是要刻意去聊天，重要的是能否提供一個讓客人默默待著也舒服、也能好好放鬆的空間。」亞紀媽媽桑的一番話，我深感認同。

在「別人理當替我著想」的場合，依然會替他人著想的人

而到底能做到哪些事的人，才能給這些在一流酒店服務的小姐們優良的印象呢？糟糕的狀況包含「只顧自己開心的人」和「一直騷擾小姐的人」。聽說小姐們也能馬上看出哪些男性外表裝酷，內心其實懷著「如果逮到機會就出手」的想法。人似乎會在無意識中散發出這種感覺。

那麼，給人好印象的人是怎樣的人呢？就是能夠自然而然關心他人的人。像是會對看起來有點無精打采的小姐說：「妳看起來臉色很差，還好嗎？」這種讓人感覺沒有其他意圖，只是單純想要替別人打氣的人，都會令人產生很高的好感。

即使在「別人應該替我這個客人著想」的場合，依然能替他人著想的人，在商場上也一定是個非常細心的人。

另外，有一位客人的舉動也令亞紀媽媽桑覺得窩心。那位客人在上門前先打電話過來，告訴店家一些背景知識。「今天我要跟A先生一起過去，聽說他好像3～4年前曾經去過1次。」客人事先提供這些資訊，店家就可以上網搜尋對方的名字、或找出名片，回想起那位客人的事情，做好萬全的迎接準備。A也會覺得「店家還記得我」，因

而心滿意足。**避免店家與同夥之間產生尷尬情況而事先做好處理，可以說是「能幹的人」才具備的細心。**

至於欠缺體貼的人，如果到了一間很久沒去的店，發現店家都不記得他時，還會大言不慚地說：「哎呀～你們忘記我了啊。真令人受傷。」這等於是讓店家丟臉。我想我們不需要沒事搞壞對方的心情吧。

還有，才不過去了3次，言行談吐表現得像自己早就是「常客」也非常不妥。即使站在被服務的一方，如果「我要你們尊重我」、「我想要特別待遇」這種心情顯露無遺，那麼看的人也會非常不好意思。

從一個人站在花錢方時是否依然會替他人著想
就能看出他到底是不是個細心的人

20

「結帳」時怎麼做才漂亮？

偷偷收下收據？

闊氣嚷嚷「結帳」？

爬上頂點的男人，
不會讓人看見
結帳時的動作

課長止步的男人，
會在下屬的慶祝會上
拿收據

有沒有注意到上司說「給我收據」的瞬間所產生的氣氛

前面一節，我們已經談過怎麼樣的行為舉止，可以在銀座的高級酒店留下好印象，怎麼樣的言行談吐又會給人很差的印象。而結帳時，也能看出兩者之間的差異。**我看過的那些爬上頂點的男人，在前往店家前就已經把結帳的事情安排好了。**告訴店家「○點左右○人」時，也會把該跟誰請款、收據抬頭寫什麼全都講得一清二楚。

餐會時，如果在餐桌上處理「結帳」、「收據」的問題，有時會造成一股尷尬的氣氛。大家面面相覷看誰要付帳，如果是一群立場差異不明顯的人就更是如此了。假如事前跟店家講好，或是進店的時候就跟店家說清楚的話，結帳問題就能順利解決了。

即使在平時，我們也有機會請前輩和上司、下屬與後輩吃飯。比方說小組成員達成目標、或是有什麼值得慶祝的事情，這時你帶一群人去喝酒好了。請回想過去你在結帳時是怎麼做的。

「請幫我開張收據，抬頭寫○○公司。」

當你說出這句話時，有沒有注意到，在你背後的下屬突然情緒冷了下來？

其實我常常聽見有人抱怨：「我還以為是要請客，結果還是報公司的帳，美好想像都幻滅了。」

餐會與酒會時，如果超脫上司與下屬的關係，單純就人與人之間的關係進行對話，有時也可以加深人際之間的關係。如果把這段時間所花的錢報銷「公司經費」的話，就會讓人覺得「難道這只是工作的一部份而已嗎？」結果糟蹋了好心情。這種情況，應該要「展現上司的男子氣概！」

千萬別為區區幾千日圓，披上「心胸狹窄」的評價

「可是我畢竟也有家要養，拿的零用錢也很少……」我想應該有人很想這樣反駁吧。而各位就算覺得「我又沒有拿來做壞事，報個帳不為過吧？」也一點問題也沒有。

然而，如果這個舉動有可能在之後替工作帶來負面影響的話又如何呢？尤其女性下屬很多的人，更要注意了。女性對於上司的言行舉止非常敏感，從很細微的談吐、行為，就能夠感受到一個人的本性，進而判斷對方「是否是值得尊敬的人物」。

男性比較會為了「提升自己的業績」產生工作動力，而影響女性工作動力的問題，

通常傾向「想被這個上司認可」、「想讓這個上司開心」的心情。

而且一旦人家覺得你「心胸狹窄」、「不值得尊敬」，要挽回名聲恐怕得花上十足的時間與心力。**不過區區幾千日圓、或1～2萬日圓左右，如果跟這點錢過不去，招致負面評價的話，一點也划不來。**

建立於「值得信賴」、「很有男子氣概」等評價之上的關係，也會影響到團隊整體的表現。如果因為這點事情害得業績遲遲不見發展、或拉低別人對你管理能力的評價，那就真的是因小失大了。

請各位明白，輕率做出的貪心小動作，百害而無一利。

從一個人是否連和下屬吃飯都要拿收據

就能看出他到底有沒有男子氣概

21

公司的酒會，該奉陪後輩到什麼地步？

續攤到第2家？

續攤到第4家？

爬上頂點的男人，會很自然地「先走一步」

課長止步的男人，會不疑有他地接受下屬的「邀約」

上司「優雅轉身離開」的時機

歡送、歡迎宴會、尾牙、新年宴會、季末以及專案結束後的慶祝會……職場上有酒會時，你會跟著續攤到底幾家呢？

離開第1間店後，如果下屬問你：「課長，我們來去續攤吧。」而你總是馬上回答：「好啊。走啊！」請先冷靜下來想想，下屬的邀約，是否是真心的。

如果說是真心的邀約，答應當然無所謂，但不覺得也可能會是另一種情況嗎？搞不好下屬會覺得：「有沒有搞錯？竟然真的跟來了。」

儘管最近越來越多組織的上下關係沒那麼嚴謹了，但下屬還是免不了對上司有所顧忌。有些時候只有在酒會上可以擺脫上司，無所顧忌地玩樂一番。

受到下屬邀約固然可以開心，但我認為看準時機聰明地離去，也是有能上司的條件之一。

但我也不是說絕對不可以跟著續攤。像是替一整年作結的尾牙這種大型宴會，我認為續攤也該稍微露個臉。

「稍微露個臉」的意思，就是「中途自然而然地消失」。

讓年輕人繼續狂歡，自己則輕輕地離開

我來介紹某個上司的例子，他的處理方式讓我覺得「做得漂亮！」續攤的地點在卡拉ＯＫ包廂。一般的「上司」嘴上說「你們唱就好」，然後一直待在一旁看著年輕人唱歌，再不然就是下屬把麥克風拱給自己時勉為其難唱個1、2首之類的。而我想也有些人會窩在角落一直滑手機。

而我這邊要講的那位上司卻有別於一般人，他輸入拿手歌曲後，就把廁所衛生紙圍在脖子上當圍巾粉墨登場，宛如站在大舞台上一般，緊握拳頭高歌一曲。由於這副綜藝模樣完全打破了他平常沉著冷靜的印象，所有下屬也非常興奮。後來他看準時機，留下一筆稍多的錢，輕巧地離開。

先提高興致到不輸年輕人的程度，率先開場炒熱氣氛。不過為了讓下屬能夠在沒有上司的情況下輕鬆享受，在中途就離席，並且負擔較多的費用。

這位上司如此貼心、如此面面俱到，令我深感佩服。我想，年輕人也一定願意跟隨

這種上司的。實際上，這個人的確非常受人敬重，甚至坐上了集團公司董事長的位子。

遠離工作的「玩樂」時段更該認真對待

有些公司在宴會上不僅喝酒聊天，還要準備「才藝表演」。大部分的情況可能是前輩或上司說：「新來的，有什麼才藝拿出來表演一下啊！」這種情況我推薦選擇可以大家一起參與的節目。

我以前待的Recruit公司有個文化，宴會上不會只有吃吃喝喝，還會把場子弄得很歡樂，讓大家盡興。比方說剪輯有員工入鏡的影片，播給大家看，或是扮成偶像團體又唱又跳，整場下來表演多采多姿。即使是玩樂，也會盡力做好，拿出最好的表現給人看。

提升組織的向心力以及團隊合作能力的情況，大多不是在工作上，而是在這種活動時。所有成員團結一心、享受快樂時光的經驗十分寶貴，如果主管和經理想要打造一個超強團隊，**在玩樂的時候更要認真、貪婪以對**。這也是我一直注重的事情。

從一個人把場子交給年輕人的時機就能看出他是否具備察言觀色的判斷力

22

必須決定聚餐地點時怎麼辦？

考量交通方便？

「私人口袋名單」？

爬上頂點的男人，會以對方的狀況為優先

課長止步的男人，會帶對方到「我的私人口袋名單」

「我有一間很想帶你去的店」的恐怖之處

聚餐時，該選擇怎麼樣的餐廳？這種情況，會完全展現出一個人是否會考量到對方的狀況。

如果你現在肩負選擇餐廳的任務，那該以什麼基準去挑選呢？

雖然現在講的不是工作上的例子，但有一次我和某個人約好要去吃飯，結果對方告訴我是哪間餐廳後，我忍不住面露難色。

對方選的地點離我家非常遠，回程得花上1個多小時。我是職業婦女，丈夫平日都在外出差，父母也都住在其他地方，所以如果我有哪天晚回家，就會麻煩保姆加班。為了孩子，我想盡可能早點回家。可是對方高高興興地跟妳說：「我帶您去我私藏的一間餐廳！」實在沒辦法回對方：「能不能麻煩您換一間？」

好在後來用餐的時光還算愉快，也就算了。不過有些人會在決定餐廳前，先詢問「您府上在哪裡」、「有沒有希望找哪一帶的店家」，並安排在回程比較方便的地點。

也有人連「希望幾點回到家？大約幾點離開餐廳方便？」都先問清楚，並配合這個時間，跟餐廳協調讓餐點在時間內上完。這份用心，對無法自行選擇店家的被招待方來說是十分感激的。

「有間不錯的店，務必要招待對方去坐坐。」抱持這種心態的待客之道非常重要。可是，**你有沒有考慮到對方的生活型態，來去判斷一間店合不合適呢？**我認為如果能考慮到這點的話會很加分。

依我的感覺，能爬上頂點的人，幾乎都會優先考量到對方的情況。而爬不上去的人則老想告訴對方「自己知道一間很棒的店」。

順帶一提，我晚上大多無法離開家裡，所以餐敘活動常常安排在中午時段。也有不少情況是我主動邀約，並自己選擇餐廳。這種時候，我會選擇滿足以下條件的餐廳。

「是否有包廂或半開放包廂」……不必在意周遭環境，可以真誠以對。如果是一對一的空間，可以縮短兩人之間的距離，增加親密程度。

「是否可以坐很久」……就算選擇「口碑很好的店」，也會因為人擠人、排隊人潮又很多，造成必須「趕快吃完趕快讓位」的心理壓力。聊到興頭上時也不用在意時間，可以待很久的店家比較適合。

「有套餐」……如果是想要靜靜交談的對象，建議選擇有套餐的店家。用餐過程中雖然很容易分心在吃東西上，但吃完主餐，甜點跟咖啡上來之後，就可以確保注意力集中在對話上的時間了。

「晚上很貴，不過中午的價位還可以接受」……推薦選擇晚餐時段比較貴、午餐時段的價格卻滿親民的氣派餐廳。價位部分，如果是自己決定要請對方吃飯的，那面對重要的人，闊氣一點也沒什麼問題。不過吃飯吃一吃，有可能最後變成對方請客，或是各付各的。這種時候，重點就在於金額不要造成對方負擔。

「交通方不方便」……最理想的位置，就是離車站越近越好。如果選在有好幾條路線匯聚的大轉運站附近，吃完午餐後要回公司也好，還是要去拜訪下一個客戶，對自己、對對方來說都很方便。

從一個人會帶你去什麼店

就能看出他是「會替對方設想」還是「想表現自我」

23

接受款待一方的行為舉止怎樣得宜？

用餐速度多快？

酒要少喝一點？

爬上頂點的男人，會精準挑出店家的特色

課長止步的男人，會把店家引以為傲的生魚片放到乾掉

你有沒有充分理解對方的「意圖」

在餐會場面，你會特別注意哪些事情呢？如果吃飯的時光讓彼此打從心底感到開心，那麼也會提高對方「下次再見」的意願。如果希望今後能和對方加深關係，你也不會想讓對方大失所望的。

聚餐過程中，會令人感到在意的其中一點就是「用餐速度」。如果用餐速度沒有配合好對方，就會產生一股不上不下的感覺。如果是一整套的那種會席料理，也會讓店裡的人很難拿捏該在哪個時間點上菜，讓整個氣氛變得有點尷尬。

喜歡喝酒的人把重點擺在酒上面，不太碰菜。而不喝酒的人則專心吃東西，夾了一口又一口，小空盤越來越多……這種情景應該不少見吧。不過招待的一方，會在意客人將「店家引以為傲的生魚片越放越乾」、「剛炸起來的東西越放越涼」。

還有另一點，就是你有沒有正確反應「對方為什麼選這間店」的理由。具體來說，就是你有沒有注意到對方為什麼會為你選擇這間店，還有這間店的菜餚有什麼特色。

是使用嚴選食材？是只有在這裡吃得到的餐點？還是用餐氣氛令人感到舒適……等等，對方為了讓你感到開心，看上了這間店的哪項魅力？

明明對方如此用心，你卻對此一點反應都沒有，只是一面聊天、一口口把菜丟進嘴裡，也沒好好品嘗，只顧著說話，甚至連店員對料理的介紹都沒聽進去——即使對吃沒什麼要求的人來說，這些行為並沒有惡意，卻可能讓招待方感到失望。

我遇過的高階主管，會對食材、料理方式、盛盤、器皿等一切送到眼前的東西表示興趣，並以自己的話來表達感想。**他們對於飲食的感受性確實也很高，但更重要的是，他們會「察覺對方希望自己注意的地方，並做出具體反應」。**

餐會地點選擇上，壽司店的門檻非常高

我也很喜歡吃壽司，不過就餐敘場合的考量上，我認為壽司店是一個非常有挑戰性的場所。之所以這麼說，是因為首先，這裡會考驗你對吃壽司「基本禮儀」的認識。再來，「吃壽司時的方法」更是細數不完，對方到底將吃壽司這件事看得多「嚴謹」，只有開始吃了之後才見分曉。

還有，擺在面前玻璃櫥窗中的食材，可以看出那間店的執著以及自信。你必須針對這點有所反應，詢問：「今天有什麼推薦的？」或是「現在這個季節有什麼比較好吃的？」

吃了端上來的壽司，也要對味道做出反應。提出的問題不僅要讓師傅覺得：「問得好啊！」還要激發他想為你進行說明的欲望。如以上所述，如果選擇壽司店，就必須面臨一些足以稱作「關卡」的對話。所以我才會覺得難度很高。

察覺對方執著的部分，並確實反應。這一點其實套在任何工作上也適用。我演講的機會也不算少，不過如果出現會大大點頭，認真聽我講話的聽眾、提出疑問的聽眾，我

都會很來勁，會想「盡量多說一點有用的資訊！」

能爬上頂點的人，都十分擅長「帶給對方好心情，並令對方感到得意，激發對方拿出更好的表現」。他們不僅在聚餐時會覺察對方的目的，也明白店家的意圖和菜餚的重點何在。

從一個人對餐點的反應 就能看出他有沒有理解對方的意圖

第 3 章

能爬上頂點的男人，就靠這樣抓住人心

24

善於送同事「慰勞品」是什麼意思？

不曾做過？

奶油泡芙？

爬上頂點的男人，很會送「慰勞品」

課長止步的男人，只會帶伴手禮給客戶

給公司內同仁「伴手禮」效果絕佳

工作上，你會在什麼時候送「伴手禮」呢？

應該是有人投訴，前去道歉的時候吧。或是即便沒什麼特別的事，也會送禮表示「平常受對方照顧」的感謝之意吧。

我從高階主管送「伴手禮」的行動上，注意到了一件事。那就是他們對於「禮物」的使用方式有別於一般人。

我看過很多人，不僅送給客戶，也會送給秘書、助理、下屬這些「自家人」。他們不只是在出差和旅行時會買伴手禮回來，平常也會送一些慰勞品。

這邊舉一個令我十分敬佩的例子。有位董事長，每年會挑1天的下午，送給秘書一段特別的時間。

他每年都會跟秘書一起出門，觀賞戲劇、歌舞伎、歌劇等演出，接著到高級法國餐廳吃飯。據說這是為了感謝那位秘書1整年來的幫忙，所以才送這樣一段完整的時間，而且不吝花費。我也曾有幸獲得那位董事長的邀請，和他們一同度過了十分優雅的時光。

那位董事長也準備了寫滿感謝話語的卡片，但更令人驚訝的是，董事長夫人也寫了一段話在卡片上。兩夫婦都將「一直以來謝謝你，今後也請多多關照」的心意具體傳達了出來。

想以具體行動感謝平常幫助自己的人，除了送伴手禮之外，當然也還有許多方法。比方說寄一封正式的信件、偶爾請對方吃頓午餐、或是招待對方參加餐會都可以。

比起價錢，最讓收禮方開心的是那「多一點點的用心」

我還在以前的公司時，也有每個月底送小東西給助理的習慣。「這個月也幫了我很多忙，辛苦了。真的很感謝你。」我會抱著這樣的心情送禮。不光是我，從課長等級開始的管理階層，都會買一些甜點之類的「小慰勞品」給平常關照自己的同事。

「一直以來謝謝你！不嫌棄的話請用。」送禮時，有時會收到這樣的反應：「天啊，我好開心喔！謝謝！」也有可能是一句「謝謝」就沒了。

各位覺得這之間的差異是什麼原因造成的？價錢嗎？

從我自己至今送禮以及收禮兩方面的經驗，我也明白是什麼造成了差異。**這份差異**

不是肇因於價錢，而是取決於「這個東西是不是你多花了一點心思去準備的」。

如果你送的禮物讓人感覺是「只想敷衍了事的」、「來不及，只好跑到後面的便利商店買的」，那老實講，收禮的人也高興不太起來。不過需要跑遠一點才買得到的人氣商家產品、或是特別在前一天就買好、預約好的東西就沒有這個問題。

「竟然為了我們多跑了一站。」這種額外的用心——而不是價錢——會讓人非常高興地和你說聲：「真的非常謝謝你！」

不管是什麼東西，收到禮物總是件令人開心的事。不過明明可以在附近買一買就解決的事情，你依然「多費了一點功夫」，就可以帶給對方更不一樣的喜悅。

如果你覺得：「助理幫我處理工作上的事情本來就是理所當然的，畢竟這就是助理的工作」，對方也會感受到你的這種心態。那如果讓對方產生「把最低限度的事情處理處理就好」的想法，也怨不得人。

而就算你抱著感謝之意，沒有傳達給對方的話也是白搭。「以具體形式傳達」可以加深信賴關係，提升對方的動力，進而提高工作品質。而這也會直接影響到你的工作成效。

從一個人會不會也買禮物給自家人

就能看出他有沒有重視他們

25

客戶送的禮品該怎麼處理？

一個人獨佔？

分享給同事？

爬上頂點的男人，
善於將收到的禮物
分送給大家

課長止步的男人，
會將收到的禮物
占為己有

一眼就能看出誰是「獨佔功勞的那種人」

「一直以來承蒙您關照了。請收下這份心意。」

伴手禮不光是你會送，也可能從客戶及有往來的公司手上拿到。就連這種伴手禮的處理方式，也會顯現出能爬上頂點的人跟爬不上去的人之間的差異。

如果對方有說「請務必拿回府上與家人享用」倒是另當別論，但如果對方送伴手禮時，話中包含「分送給貴公司各位同事」的意思，那你還帶回家就太過分了。雖然身為父親的地位可能會有所提升，但很遺憾，這對你在職場上的價值一點幫助都沒有。

這裡可以看出一個人的想法究竟是「功勞都是我的」，還是「工作不是我一個人在做而已，都是多虧很多人相助才能完成」。

你也不能只是拋下一句「這是客戶送的」，就把禮品丟給事務員。能爬上頂點的男人，會告訴大家：「這間公司的這項專案獲得了這樣的成功，而我們受到了這樣的感謝」，並把禮物分送給其他同仁。

受到客戶感謝、稱讚時，應該不少人會告訴上級、以及有直接關聯的同事。不過**能爬上頂點的人有個特色，就是也會把成果回饋給只有間接關聯的同事**。

辦公室中主要負責處理事務的助理、還有管理部門的同仁，通常沒什麼直接接觸「公司客戶」的機會。但因為有這些人在背後支撐，業務才有辦法進行下去。由於他們沒有見過客戶，所以如果能聽到「對方對於我們的服務是怎麼樣感到高興」、「對方這樣稱讚我們」，真的會非常開心。

像這樣，**讓每一個或多或少有參與的成員感受到「很開心自己有幫上忙」，就能建立良好關係，下次有機會時也能獲得他們的鼎力相助。**這可以說是讓專案一個接一個成功、讓自己一步一步往上爬的秘訣。

如果一個人會自己把伴手禮帶回家

就知道他是「會把功勞據為己有的人」

26

怎麼樣才能成為讓人想「再見面」的人？

會做事的人？

笑容滿面的人？

爬上頂點的男人，經常掛著「笑容」

課長止步的男人，常常看起來「眉頭深鎖」

「笑容」會直接影響到資金週轉!?

請回想看看客戶的面容。你腦中浮現的那個人，帶著怎麼樣的表情呢？是笑笑的嗎？是一臉沉重嗎？還是一點表情也沒有呢？然後，你比較想要見到哪個人呢？

「笑容會直接影響到資金的週轉喔。」

這句話是出自某公司的董事長，而那位董事長平常也總是笑臉迎人。這一點同樣感染了整間公司。銀行的融資負責人拜訪公司時，所有員工都帶著笑容迎接對方到來。光是這樣，就足以讓人覺得「這間公司的員工在工作的時候很有活力，生氣蓬勃的。想必未來業績也會有所發展」，進而對融資審查帶來正面影響。看樣子，這就是「笑容會直接影響到資金週轉」的意思了。這讓我有如醍醐灌頂，明白了「笑容即金錢」的道理。

另外，我在其他公司也有經歷過類似的驚訝。有位身為集團擁有者的會長，經過每位員工時都一定會握手。這個舉動也深植公司內部，每位員工在跟對方碰頭時都會握手。可能因為公司有這種風氣，我一踏進他們辦公室，就感受到一股溫馨的氣氛。面對訪客時也一樣，我可以感覺到他們想要提供一個舒適空間的心意。

那間公司在網路服務業界竄升得十分快速。看樣子，如果公司的員工都面帶笑容，真的可以替組織挹注活力，促進業績提升呢。

即使明白笑容很重要的道理，但人一忙起來「也沒辦法總帶著微笑」，甚至不少人還連眉頭都皺了起來。可是我希望各位明白，這對你來說可是「損失慘重」。

我常常有機會以人資專員的身分，參與許多企業的面試活動。**能夠自然面露微笑的人，絕對比較有利**。因為這種人不僅破冰時順利，也容易帶動氣氛。

談話時，如果聽的人擺出一副悶悶不樂的表情或是撲克臉，那說話的人也會覺得「自己是不是說了什麼奇怪的話」、「是不是有聽不懂的地方」、「是不是覺得這個話題不有趣」等等，產生多餘的擔心，談話的興致也開始掉了下來。我演講的機會也不少，不過演講途中，如果看到聽眾嘴角微微上揚——即使稱不上笑——露出有好感的表情，我也會覺得「聽眾對我抱持期待」，於是打起精神，盡量多告訴大家一些有用的資訊。

可能有人覺得：「沒有必要刻意擠出笑容。就算別人不覺得自己是開朗好親近的人也無所謂。」也有人或許是為了避免被對方看扁、為了維持自己的威嚴而刻意不擺出笑臉的。

然而笑臉迎人不只能替自己營造好印象，還可以卸下對方的心防，令對方說更多話。換句話說，就可以引出更多在做生意時必要的資訊，並運用在自己的工作上。「笑容即金錢」就是這麼一回事。

不瞞各位，「能爬上頂點的男人」之中，大多數在面對他人時總是掛著笑容，將對方拉進自己的世界，令生意導向成功。

請各位務必在平時就注意自己的笑容。如果實在不怎麼願意，可以稍微揚起嘴角就好，就算只做到這樣，給人的印象也會大大的不同。

我為了隨時確認自己的表情，在辦公桌的桌上電腦旁邊擺了一面B5大的鏡子。這麼一來就能時時檢視自己擺出什麼表情了。

我有沒有帶著無聊的表情或苦瓜臉在工作呢？我會不時稍微瞄一下鏡子，觀察自己。因為負面的表情不但會拉低自己的工作表現，還會傳染給周圍的人。

不管處於怎麼樣的逆境，都要先揚起嘴角再力挽狂瀾。我至今依然將鏡子擺在右手邊，每天工作時一直提醒自己要面帶微笑。

從別人想起一個人時是浮現「笑臉」還是「苦瓜臉」
就知道他是賺到了還是損失了機會

27

該怎麼順利跟周圍的人打成一片？

送禮物？

從閒聊開始？

爬上頂點的男人，
不管到哪個樓層
都有辦法聊天

課長止步的男人，
總有幾個不太敢去的
「封鎖樓層」

如果你有不敢去的樓層就要拉警報了

前面也有提過，我會善用公司內的聯絡網，蒐集各方面的知識與資訊。而我看過這麼多「爬上頂點的男人」，發現他們在這方面也非常類似。他們會串聯整間公司，並和很多人打好關係。感覺這些人，平常跟其他同事之間的溝通也很良好。

雖然每間公司規模有差，不過我想問，你在公司裡面有多少「平常不太會去的樓層」或是「禁地」呢？有沒有那種，如果是跟自己工作沒有直接關係，沒事就不會過去的部門和樓層呢？

能在組織內爬上頂點的人，這一點就有別於一般人了。**他們已經預料到那些平常不太會經過的樓層和部門，具有更多對自己有益的知識、資訊以及會幫助自己的人，所以會積極和對方接觸。**這也不是說當你碰到什麼問題，要找人商量時才開始做，而是平常就要跟公司內各部門的人有所聯繫。萬一碰到什麼事情時也能自在聯絡的關係，必須從平常就開始經營。

舉一個我自己菜鳥時期的例子，如果公司內部新聞出刊，我會一字不漏地仔細看，確認「哪個部門的什麼人在做什麼」。如果發現我有興趣的人，會連絡對方，說想聽對方談談那些事情，甚至邀請對方共進午餐或喝下午茶。

另外，透過自己的上司、前輩、後輩介紹來增加公司內認識的人也有不錯的效果。如果有「促進多樣化」、「改革工作方式」這類公司內跨領域專案計畫，一定要率先參加，把握這個各部門同仁集中在一塊的機會。如果公司內部有舉辦自由參加的研究小組、讀書會、社團活動，也可以參加看看。

如何先做「人情」給別人

我還在公司上班時，經常有事到管理部門的樓層。**要提交給人事部門和會計部門的資料，我不會透過內部網路，而是到該樓層親手交給對方。**

經過每個樓層時都稍微聊一下，如果碰到感覺合得來的人，就邀對方去吃午餐。後來，各部門裡頭和我關係不錯的同仁數量也越來越多了。

我不光是有事想拜託或討論時會找他們，平常也會告訴他們「如果有我幫得上忙的地方，隨時都可以找我。」比方說，資訊系統部門有時會檢查、更新系統，而過程中有一項「聽取實際使用意見」的環節，也就是調查現行系統的使用者對系統有無不滿或希望追加的功能。

這種時候，我就會馬上自告奮勇表示要幫忙。不過這畢竟得花點時間，而且必須思考該回報哪些問題，事先統整好資料，所以要說麻煩也是有些麻煩。可是對他們來說，掌握實際使用者的需求才有辦法做出改善，而我自己也希望能有一套讓工作做起來更方便的系統，因此算是互利互惠。我會詳細回報這些使用者的意見，如：「這個功能非常好」、「這部分還有點難用」等。

多虧那時靠這種方式和資訊系統部門打好關係，當我遭逢飛來橫禍時也受到了他們的幫忙。有次我的電腦中毒，聽說必須花上整整一星期才能完全修好。

那個禮拜又要出差，根本沒辦法想像整整一個禮拜都沒辦法使用電腦。我對他們提出了無理的要求：「能不能想辦法一天就幫我修好！」對方聽了說：「森千姐你不是在開玩笑吧！一天!?那我不是回不了家了嗎？」即便嘴上這麼說，但被我這麼苦苦哀求，他可能覺得就摸摸鼻子算了，所以調整了其他工作排程，幫我把電腦給修好了。

當然，我也不是丟下一句「那就拜託你了」，然後拍拍屁股走人。那一天晚上我也待在那位幫忙修電腦的同仁一旁。

唯有跨越部門、領域、年資的框架，和各式各樣的同仁建立緊密有益的連結，才能夠造就好的商品與服務，以及解決方法。**而我認為，緊密有益的連結就要從「每層樓都打個招呼」這種小地方開始做起。**

從一個人有沒有不想去的樓層

就能看出在整間公司裡頭有沒有人會幫他

28

人家問你「夫人是個怎麼樣的人」時會怎麼回答？

因為害羞而「貶損」？

雖然害羞但「稱讚」？

爬上頂點的男人，會公開表示妻子的「好」

課長止步的男人，會貶低自己的妻子

「貶低妻子」的這種謙遜百害而無一利

「夫人是個怎麼樣的人呢？」

當後輩、下屬、客戶問你時，你會怎麼回答？

「她喔，三餐吃飽睡睡飽吃，過得可爽囉。每天就在家裡懶懶散散的。」你是否曾經像這樣抱怨妻子，然後自嘲般地笑一笑呢？

據我所知，能爬上頂點的男人，絕對不會「貶低自己的妻子」。

有一次，我詢問業界滿知名的一位董事長：「夫人是個怎麼樣的人呢？」結果對方的回答出乎我意料之外。

聽說夫人於結婚後，踏入某個領域進行「職人」修行，如今開始在那個領域兼差。對於沒有化妝、穿著髒兮兮的工作服工作得大汗淋漓的妻子，那位董事長笑著告訴我：「她非常投入自己喜歡的事情，而且全力以赴。我就是喜歡她這一點。」

我可以感覺到，他真的非常尊敬妻子，不只是將妻子視為一名女性，更是打從心裡愛著她這個人。

順帶一提，那位夫人之前的工作，是很多人都很憧憬的華麗職業。不過我會知道，不是因為對方非常驕傲地跟我炫耀「我老婆以前是○○」，而是我問：「夫人以前從事什麼工作？」他才告訴我的。

娶了從事光鮮亮麗職業的女性，但不利用妻子提升自己的地位。這種地方也可以感覺出那個人寬大的心胸，以及他的男子氣概。

不過，能大方說出「自己很尊敬妻子」的男性，在日本看起來算是少數。大多會帶著害臊，說出「貶低妻子」的話。由於在日本社會，謙遜是一種美德，我想這也是其中一項影響的原因吧。

我也聽過客戶跟我說：「森本小姐工作這麼認真，真了不起。反觀我家老婆就……」。雖然我很高興聽到對方稱讚我，但比起貶低妻子的人，能說出「我們家老婆很了不起」的人更能給人良好印象，令人不禁莞爾。

妻子在丈夫看不見的地方，也會對什麼事情認真以赴、默默努力。我認為能注意到這點，並表示尊重的男性，真的很令人欽佩。

「老婆在家懶散躺著啃仙貝」是丈夫的責任!?

如果妻子真的在家裡百無聊賴，就提不起勁來做事。換句話說，就是「沒有人給她動力」。而害妻子變成這樣的罪魁禍首，很可能就是丈夫自己。因為她沒有看到丈夫工作的樣子、在外討生活的樣子，所以不會覺得「自己也要努力一點」、「我也想要過點有活力的生活」。

夫妻就像是彼此的一面鏡子，**如果感覺自己的妻子「真是個無聊的人」，那大概就代表自己也已經變成一個「無聊的人」了**。當然，也有一部份人的心態是「好歹在家裡的時候讓我慵懶一點嘛！」所以在家時，會切換成跟在公司時不一樣的模式。

不過，偶爾跟妻子講講工作的價值和喜悅、目標和期望，讓她看見「生氣勃勃的自己」，她也會被你點燃動力，開始覺得不管有沒有工作，都要過上充實的每一天。家裡的氣氛會變得十分舒適，工作上的表現也會更上一層樓。

我平時便深深體會到，**其實與妻子（或丈夫）之間的關係，都會表現在一個人跟下屬以及同事的相處上。**

見微知著。能尊重自己伴侶的人，也會尊重其他所有人，不論是職場上的同事、下屬、還是公司外的合作夥伴。這跟哪一方的地位和立場比較高無關，而是單純會去理解、並尊重對方。

而有辦法給妻子動力的人，也有辦法提高下屬和團隊的動力，並呈現在成果之上。**一個人怎麼樣，可以從最小的地方看出來。**所以我認為，從夫妻之間的關係，就能看出一個人在組織裡頭是怎麼和上司及下屬相處的。

連一個老婆都無法讓她產生動力的人，哪有辦法提高下屬和團隊的動力呢？

從一個人和伴侶相處得順不順利

就能看出他的職場人際關係

29

該如何面對私人話題？

自己先說？

擔任
問話者？

爬上頂點的男人，會先「說」自己的私事

課長止步的男人，會先「問」對方的私事

善於管理女性員工的人會出人頭地

這幾年，想要成功轉換跑道至其他公司的管理職位、想要讓工作階段更上一層樓，多了一項條件，就是「女性員工管理妥善與否」。

在日本政府主導下，現在許多企業開始致力於「促進女性活躍發展」的行動。因此管理職須要具備能激發女性員工能力，並幫助其成長，登上管理職、儲備幹部位置的能力。

不知道是不是因為時勢所趨，很多人會找我商量「該怎麼樣才能和女性下屬好好溝通」。

在管理女性員工上，尤其不可規避的問題就是「結婚、生產後的工作型態」。很多人即使想盡早先詢問本人的打算，但也怕過問結婚生子這方面的事情會被當成性騷擾……因此投鼠忌器，遲遲不敢開口。

那麼，該怎麼辦呢？**我告訴他們，「請先跟對方說說自己的事情」**。因為女性必須要對上司十分信任，才有辦法輕鬆說出私人的事情。

我告訴找我商量的人，一開始就先從自己的妻小講起，一有機會就積極嘗試開口。**如果上司將自己的私生活完全公開的話，下屬總有一天也會開始覺得「他一定有辦法聽我說說自己的私事」**。而當哪天生活真的產生變化時，也比較容易主動說出口。

從私人話題，到工作上看不出來的「人生觀」、「價值觀」都必須好好掌握，只要其中任何一點和對方有同感，心與心之間的距離就會一口氣縮小。

帶給他人安全感的人一定有「反差」

將私人方面公開後，不僅會帶給對方安全感，還會讓人看見你的「反差」。而大多情況下，這種「好的反差」會提升你給人的好感。

我前公司的管理部門裡頭，有一位一絲不苟的男性，我常常因為忘記呈交資料而被他訓上一頓。他身為組織中「整頓紀律的角色」，總是帶著一股嚴謹的感覺。

而他的桌面上，卻擺著孩子的照片。從那張看起來應該是他親自拍攝的照片，可以感受到他對孩子滿滿的愛。一看到那張照片，他給人的印象就從「嚴厲的商務人士」轉變成「疼愛子女的爸爸」了。我藉著那張照片開啟孩子的話題後，總是扳著一張臉的他，表情馬上放鬆了下來，溫和地和我聊了一場天。

人一旦發現某個人跟平常不一樣的面貌，也就是「好的反差」，馬上就會覺得自己好像跟對方更靠近了一些。工作以外時的其他面貌，是可以打動人心的。

我非常喜歡ＢＭＷ的一則廣告詞。我看到那則廣告時，產生了非常大的共鳴，甚至都忍不住大喊：「我想說的東西就是這個！」

【致對人生渴求無數的人】

當個知悉成人的哲理，仍保持赤子之心的人。
當個外在主流，內心反主流的人。
當個西裝穿得好，牛仔褲也搭得好的人。
當個會談人生道理，也善於說笑的人。
當個喜歡有意義的事情，也喜歡沒意義的事情的人。
當個深諳葡萄酒，也熟知恐龍的人。
當個具有常識，卻不被束縛的人。
當個資訊能力很強，卻會用鋼筆寫信的人。

當個深愛家庭，有時也能忘卻家庭的人。
當個喜歡孤獨，也善於社交的人。
當個總是冷靜，有時也很熱情的人。
當個會聽古典樂，也愛聽搖滾樂的人。
當個有自信，卻不自大的人。
當個會去美術館，也會上健身房的人。
當個為人隨和，但也會提出反對意見的人。
當個會熬夜，但早上依然準時起床的人。
當個即使有很多想守護的東西，依然會去冒險的人。
當個對下屬很溫柔，對上司卻很嚴格的人。
當個喜歡吃東西，也會做菜的人。
當個注重品質，但不喜歡太奢侈的人。
當個即使忘記自己的生日，也會遵守跟他人約好時間的人。

這簡直就是「好的反差」的範例大集合。

我希望兒子長大之後也能成為這樣的人，甚至還把這則廣告印了下來，貼在廁所裡面呢。

試著加入一點流行要素

如果覺得實在找不出自己有什麼好的反差的話，**把你的天線打開，去偵查女性間流行的事物也不錯。**

你必須親自踏進女性認為「這種東西，上司應該會覺得很無聊、很蠢吧」、「這種話題大概不能跟忙碌的上司聊吧」的世界。這麼一來，我想對方就會覺得「他跟我有一樣的看法」，而主動靠近了。

實際上，受女性員工歡迎的高階主管，跟得上女性之間流行的話題，也熟知現在卡拉OK流行什麼樣的歌。另一方面，給人感覺「漠不關心」、「根本不打算關心」的上司，在工作上也會因為跟女性員工之間的隔閡而苦惱不已。

靠主動提及自己的私事
就能改變女性對自己的信任程度

30

該怎麼與女性下屬互動？

吃午餐時聊天？

叫來面談？

爬上頂點的男人，總是聆聽女性的意見

課長止步的男人，動不動就說「女人就是怎樣」

能幹上司的女性員工管理

假設你有位女性下屬，剛休完育嬰假，回來上班了。這時你會怎麼對待她呢？如果你說：「要兼顧小孩和工作很辛苦吧，我會盡量派給妳一些負擔沒那麼重的工作」，還覺得自己「懂得替他人設想，是個溫柔的上司」，那可就大錯特錯了。

我並不是說這種方式不正確，如果是希望做一些負擔沒那麼重的工作的人，應該會感謝上司吧。但也有很多職業婦女其實「想做一些需要負擔責任、能感覺到工作價值的工作」，或是「不希望自己作為商務人士的成長就此停滯，想要繼續累積自己的工作歷練」。

讀者可能會想：「那怎麼不乾脆直接明講？」，不過「請給我需要承擔責任的工作」這種話，這些女性其實無法自己講出來。**為什麼呢？因為他們即使對工作有熱情，卻也沒有足夠的自信，擔心「自己沒辦法加班，萬一孩子發燒之類的時候也必須請假，可能會造成其他人的困擾」**。

所以，你必須要親自跟本人確認想法，對於有小孩而仍想繼續挑戰工作的女性，要提供機會給她們。對於她們「可能無法善盡責任」的不安，上司要在背後支撐他們，讓她們知道：「如果碰到什麼麻煩，我一定會出手幫忙的，所以放心去做吧。」

舉我自己的例子。大兒子出生之後我便回到了職場，經歷第一次生產，開始摸索職業婦女的生活模式。我已經縮短了工時，如果還要攬上主管的責任，很擔心自己會給周遭的人帶來麻煩，因此猶豫不決。當時部長看出了我的擔憂，在整個部門的會議上對我說了類似這樣的話：「同仁是由整個部門共同培育的，妳大可放心請其他主管幫忙」、「每一位員工，不管是育兒還是照護，沒有人知道自己哪一天會碰到這樣子的制約。我希望各位抱持著送恩的心情挺森千（公司裡大家都這樣叫我）一把」。他讓我知道，萬一發生什麼事，他也會第一個跳出來處理。這番話令我不禁濕了眼眶。

千萬不能以少量的「樣本數」去概括「女性就是怎樣」

話說回來，之所以會有「照顧小孩很辛苦，所以處理簡單工作比較好」的刻板印象，我認為職業婦女的「樣本數」偏少也是原因之一。

你可能光從身邊的人，如自己的妻子、姊妹、朋友的妻子、公司裡的同事等人的樣子和想法，就認為「這就是所有人的情況」了。**平常雖然明白「每個人的價值觀都不一**

樣」，但卻沒注意到自己獨獨替「職業婦女」貼上了「育兒優先，工作最後」的標籤。

當然，對很多職業婦女來說，「育兒優先」是一項共通點，只不過每個人的想法、環境可是截然不同。也有些女性為了不讓工作步調慢下來，在托育措施方面也處理得滴水不漏。

你身邊的職業婦女有怎麼樣的想法、在怎麼樣的環境下兼顧工作及育兒呢？試著去「蒐集樣本」，你就會明白，不是所有職業婦女都能一概而論的了。這麼一來，我認為你就有辦法去「傾聽」下屬的真實想法和工作計畫，包含她們在思考什麼、煩惱哪些事情。

雖然我想大概多數女性「並不清楚具體上想怎麼做」，但即使有些不著邊際，也可以試著問問看她們「希望以什麼樣的方式進行工作」。而應該也有很多女性在有小孩前可能是一個想法，真的懷孕、生產之後又變成另一種心境。每一位媽媽參與孩子成長過程的方式都不會一樣。

所以，**請視期望與計畫變更為理所當然，不要只問一次就不管了。時時留心，有適當機會就開口詢問。**

再來，這種話題比起「在會議室面談」，更適合在午餐和跑業務途中這些「半私人時間」談論。不必太過拘謹，儘管帶著輕鬆的感覺問問：「待會要不要一起吃午餐？」

從一個人「會問女性希望別人聽的事情、還是女性不希望被問到的事情」

就能看出他「在女性員工管理上成不成功」

31

如果有人試探你對於非自願人事異動的意願該怎麼辦？

抵死不從？

欣然接受？

爬上頂點的男人，會從善如流

課長止步的男人，會抵死不從

爬上頂點的人，履歷上都「有一種共同的事蹟」

我天天和身為高階主管的商務人士碰面，看了他們的職涯履歷，發現有很多人都有一種共同的事蹟。

就是**「經歷過劇烈的工作環境變化」**。意即調動部門、轉換職務、調職到地方分公司、維持原籍轉任集團旗下其他公司、外派出國、換工作之類的經驗。

在人資市場上也一樣，年齡越高的情況下，比起一直待在同一間公司、同一個部門的人，經歷人事異動、調職、轉任、轉職的人通常較獲好評。這是因為我們可以期待這些人具備「適應力」與「應變能力」。

換一個新的職場，必須學習不同於以往的規則與工作方式，熟悉新的文化，從頭開始建立人際關係。過程自然含辛茹苦，但也能培養適應力、柔軟度，以及近年徵才時重視的韌性（精神方面的恢復能力、復原能力、耐力）

如今IT技術日新月異，當你才剛把某項新技術用在商業技巧上，沒過多久卻馬上就落伍了。**掌握變化的浪潮，不去抗拒變化，能夠持續挑戰的人，也是能在公司裡頭爬上頂點的人。**

至於只待在習慣的環境，也就是沉浸在「舒適圈」裡的人，不僅想法會變得食古不化，也不容易養成抗壓性。

此外，那些人不僅培養出應變能力，還獲得了諸多領域的知識與人脈。**企業所重視的人才，就是有辦法創造出能直接提高收益的商品、服務、系統的人。**這一點，就可以從待過各種部門和分公司的經驗，串聯起整個公司，將各部門的資源與人才做出最適當的組合，也能親身感受到何謂價值鏈（Value chain）。

所以，如果有人試探你對於人事異動、調職、轉任的想法，即使不是自願的，我也建議各位把這當作一個「機會」，去接受它。

非自願的人事異動，正是成長的機會

順帶一提，我自己也經歷過幾次人事異動、轉任、換新工作。而尤其深深影響我至今的劇烈變動，發生在我進公司後第3年。

當時我從事法人業務，協助各大企業的徵才活動，並開拓不少流通業界的新客源。在公司裡頭，我獲得了「流通的森本」這個稱號，所有流通業界的案子和資訊都匯集在我身上。這是我為了建立「森本品牌」而特別投注心力達成的結果，而我確實如自己所望，樹立了自己的強項。

然而有一天，上頭命令我放棄所有流通業界的客戶，轉而專門開發日本人稱「New Business」的創投企業新客戶。當時是IT網路業的草創期，許多網路相關的創投公司如雨後春筍般冒出。

這跟我擅長的流通業根本是完全不同的領域，一被上司問到意見，我馬上就反彈表示「我不要」，忿忿地離開，直接回家。即便如此，我還是對「這一定能讓妳成長」這番話給吸引了，最後接受人事異動，加入新團隊。

結果這次的人事異動為我帶來了莫大的成功以及財富。不僅創下了超乎以往的輝煌業績，從創業時期就開始往來的企業，日後甚至成長為足以代表日本的龍頭企業，影響力大幅增加，我的「經營者人脈」也一口氣拓展開來。

就這樣，「創投徵才找森本就對了」成為我新的個人品牌。這個名號不僅響遍公司內，甚至傳到了公司外。我認為，多虧了那次人事異動時，我選擇了挑戰，才造就了現在的自己。

從一個人是拒絕還是接受非自願人事異動
就能看出他未來能不能出人頭地

32

如果碰到不擅長應付的人該怎麼辦？

緊抓不放？

敬而遠之？

爬上頂點的男人，
會更頻繁和對方往來

課長止步的男人，
會盡量避免有所牽扯

「碰到麻煩的客人」就是你的機會

誰都有「不擅長應付的某種人」吧。比如對於我們做得不夠好的部分會尖酸刻薄挑出來的人、還有直言不諱的人。

可是，會特別對你說出這些逆耳忠言的人，他們的話裡都蘊藏著我們應好好效仿的重要本質。**綜觀在各領域爬上頂點的高階主管，我發現他們都毫不避諱聽到、看到這些話語，會真誠地聽進去，並化作自我的肥料。**

我剛出社會第1年時，經歷了一件很難受的事，至今仍無法忘懷。當時有位前輩把某公司（以下稱A公司）交接給我，於是我便過去打聲招呼。

那間公司位於東京郊外，搭乘當地鐵道抵達車站後還要走上20分鐘。前輩像是在說：「跑一趟太麻煩了，所以就交給妳處理啦，森本」，把事情丟給了我。我也不想把寶貴的時間花在這麼久的交通過程上，但還是抱著「被迫負責這個地方」的心態，心不甘情不願地前往A公司。

迎接我的是董事長以及一名女性董事。和興致高昂的董事長輕鬆地說說笑笑了一下子後，便說聲：「我會好好加油的，未來也請多多關照。」結束了這次的拜訪。後來我直接回公司，發現桌上有一張便條，表示A公司的那位女董事打了電話過來。回電之後，對方對我說的第一句話是：**「森本小姐，能不能麻煩妳換一位窗口呢？」**

「咦？可是，那個，我今天才剛接任負責貴公司……」我話也說不清楚，而那位董事對我撂下狠話：「妳是不是瞧不起我們公司？是不是覺得反正也不會有傑出的人才選擇這種公司的？」而她，說對了。「不管妳是新人還是10年資歷的老鳥都一樣，我委託妳幫忙進行重要的徵才活動，如果妳是那種隨便的態度，那我就要求換一位窗口。真正認真以赴的人，才能吸引到真正好的人才。如果妳沒辦法認真對待這份工作，那妳不負責我們公司也罷。」

對方如此直言不諱，我不甘心到了極點，躲到廁所哭了起來。

確實可以如對方所要求的，換其他人來負責，但如果這件事就到這邊結束，我實在是沒辦法服氣，因此怎麼樣都說不出「換人做」這種話。當天，我將自己的信念與想法寫成一封信，隔天便帶去了A公司。

我深深鞠躬，直接告訴對方：「請讓我繼續擔任對貴公司的窗口。我會負起責任，盡全力做到最好。」之後，我一次又一次拜訪A公司，將符合對方希望的人才資料拿給他們看，也參與好幾次他們的面試。在我漸漸開始習慣這漫長的交通過程，過了差不多半年後，終於成功幫他們找到人了。

女性董事喜上眉梢，過了一陣子後說想請我吃頓飯。吃完飯後，董事拿出水藍色的Tiffany小盒子，告訴我：「我要送妳一份禮物。」打開來一看，裡頭是一條項鍊，但看起來似乎不是新的。正當我覺得奇怪，董事就開始訴說她過去的經歷了。

她原本在其他公司工作，擔任非正式採用的事務人員。由於她渴望成為一間公司的正式員工，提升自己的職業能力，於是毅然決然轉職到A公司。她從時薪800日圓的兼差工作開始做起，付出比其他人多一倍的努力，最後得到董事長的認可與提拔，坐上了董事的位子。「當初董事長在升我為董事時，送了我這條Tiffany的項鍊。我一直打算，如果出現讓我想要替他加油打氣的人時，要把這條項鍊傳給他。我很期待妳未來的表現喔。不過真沒想到，妳當初竟然被我罵完隔天就帶著信上門了（笑）。」

那時，我同時獲得了一條項鍊，以及非常重要的教誨，就是不能夠光從外表去評斷一間公司和一個人。對客戶來說，我是徵才的專家，為了提出最好的問題解決方案，必須不停學習才行。

有時候，我們會受人責備、接到投訴，其中也許有些人比較像單純找碴，或是糾纏不休，讓你覺得「麻煩死了」的人。

不過，我回顧以往經驗，可以告訴各位一件事。就是你反而要感謝那樣的客戶。生氣、投訴的行為，也會消耗對方的精力，對方也會感到疲累。如果有所不滿，大不了默默去找同業的其他公司就好了，可是對方卻提出不滿，要求「改正」，這其實也代表對方是有所「期待」的。

和爬上頂點的人談話，常常會聽到他們講到過去痛苦的經驗，以及失敗的事蹟。而他們的共通點，就是會正面接受這一切，並加以化作自己的肥料。

珍惜那些辭嚴以對的人，感謝他們「給了自己成長的機會」。能爬上頂點的人總是提醒著我，他們就是這樣累積身為一個商務人士真正的實力，並與對方建立深厚的信賴關係。

從一個人對刺耳的話是會願意聽還是充耳不聞

就能看出他作為一個商務人士會不會成長

後記

非常感謝各位讀者閱讀這本書。

書中有些話說得重了點，所以我想也許有人受到了打擊，覺得「自己這樣子不行嗎？」真的很抱歉！

可是，沒有人一開始就是有望「爬上頂點」的人。「明明只要注意到這個小地方，整個世界就豁然開朗了」，我抱著這種恨鐵不成鋼的心態，即使有些不忍，仍狠下心來把很多讓我有這種感受的小事情寫出來，希望能多少幫助各位體察，進而改變行動。

「能爬上頂點的人，以及爬不上去的人」，兩者之間到底有哪些差別，在書中已經說了很多。不過讓我感覺「能在接下來的時代一路往上爬的人」，比起「自己就很萬能的高效率人士」，更可能是「有辦法培養出許多有能力的人，並加以善用的人」。

內文也有提過，現在大家理想的領導者型態是「僕人（服務）式領導」。換句話說，不是透過自己的做法去「支配」下屬，而是能夠妥善運用每一位員工的強項，「支援」他們，讓他們得以大展拳腳的陪跑員型領導。

我也和不少創投企業有往來，而懷抱「支持員工成長」心態的董事長所帶領的組織，充滿了活力，並且指數型急速成長。

他們並不打算靠自己一個人爬上頂點，而是想要推動下屬、後輩以及同事們的成長。就結果來說，這種人才能夠受到身邊的人推崇，爬上頂點。

我自大學畢業，進入Recruit公司開始，承蒙許多人的栽培以及支持，才造就了今天的我。我想將我從許多人身上獲得的這份恩情，回饋給各位讀者。即使我無法直接報答予我恩情的人，也希望能持續「送恩」給未來遇到的其他人。

我想將「送恩」的實踐範圍加以擴大，於是在2017年3月3日，小兒子的生日當天，創辦了morich（森千）公司。之所以選擇這天，是因為小兒子的出生是我人生的重大轉捩點。

大兒子出生後，我成為了職業婦女。由於娘家位於滋賀縣，我沒辦法請父母幫忙照顧，於是便和先生共同分擔育兒責任，同時將熱情投注組織管理上。

後來小兒子出生，整個環境產生了劇變。就在小兒子出生，我回歸職場時，先生卻因為人事異動的關係成了「出差族」。於是我為了將工作型態從「組織管理者」轉換成可以自由掌控時間的「獨自包辦一切型諮商師」，決定轉任Recruit Executive Agent。

從那一段時間起，我也開始參與公司外活動。我對公司外的活動傾注了不少心力，復職的2010年內原本只有3場演講委託，到了2016年已經超過1年80場。

回過頭來看，小兒子的出生的確是我人生的轉捩點。所以我決定將這個值得紀念的生日，和morich公司創建的日子連結在一起。

公司名稱並不是以「chi」而是以「ch」收尾，這是因為裡頭隱含了「channel」的意思。channel的意思是水道和運河等管道，可以輸送水與其他物質，豐潤人們的生活，促進繁榮。我希望《morich》就像channel一樣，幫助大家透過這間公司來達成人與人和組織之間的聯繫，並令雙方都獲得成長、發展。

離開Recruit，我今後會以和Recruit Executive Agent合作的形式，繼續協助營運幹部、管理職位的徵才以及轉職。此外也會透過morich來進行「結緣、深耕」的活動。比方說，想透過徵才來獲得進一步成長的企業，我會找出最適合他們的徵才方式，也會將相關技能與知識很強的合夥公司介紹給他們。如果是想要加強員工教育的企業，則介紹研修公司給他們，就是提供這樣子的問題解決方案。不僅限於人才、教育，我希望找出一些「似乎能產生不錯化學反應」的組合，包括企業之間、人與人之間。

雖然我不是愛情的紅線，不過我接下來的任務，就是成為「幸福的紅morich」，擔任替其他人結緣的角色。能交織將各種想法的「All-rounder agent（全能專員）」，才是我心目中「爬上頂點」的樣子。所以未來我也打算朝著這個目標，好好保持熱情，以我自己的方法快樂奔跑下去。

本作成書仰賴許多人的協助。

SUNMARK出版社的橋口英惠女士在編輯上傾注了十二分的熱情，衷心感謝您給了我和這本書相遇的機會。這本書最早發自橋口女士的一股熱情：「對於那些不僅以一個商務人士，更是以一個人的身分，十分渴望自己能變得更有魅力、想認真面對人生的人，我希望能透過這些文字替他們加油打氣。」我大大認同她的這份想法，於是決定撰寫這本書。

這次也受到我的同志，青木典子女士的鼎力相助。她將那些寄宿於話語中的力量具體化，實際將「意念」呈現出來。如果沒有青木女士的協助，這本書就沒辦法完成。真的是由衷地感恩。

還有，我摯愛的家人們是我所有能量的來源。你們總是讓我可以活得像我自己，大力聲援我，我想藉這個機會，將心裡最深處的「感謝」送給你們。

Recruit的上司、前輩，以及各位同事，感謝你們讓我的商場人生在一片驚滔駭浪中開始，有容乃大培養我成長。而對我寄予厚望，總是給我成長機會的客戶與合作夥伴，對諸位的感恩同樣一言難盡。

也容我對透過本書遇見的你們，表達我深深的感謝。

我喜歡的箴言之中，有一句話出自禪語：「我逢人」。

「萍水相逢乃萬物之始。心心交會、物物相接、人物相遇，相逢即是生命。相逢令對方（自己）獲得更寬闊、更深厚的成長。要珍惜與人相遇的緣分、要珍惜與人相遇的地方、要珍惜與人相遇時的模樣……」

如今我已體會到，所有的「緣分」皆為必然，絕非偶然，都是有意義的。

在這裡向透過本書與我結緣的各位聊表謝意的同時，我也期待著未來和各位讀者必然相逢的那天到來。

森本千賀子

爬上頂點程度評量單

- □ 和客戶約時間時會「主動提出候補時間」
- □ 第一次面談前會先看過「公司歷史」
- □ 在櫃檯會看「內線電話號碼表」
- □ 「遲早都要做的事情」會馬上處理完
- □ 接到投訴的話會馬上奪門而出
- □ 出差移動過程的旅伴是「最能提升效率的事情」
- □ 迷路的時候，詢問香菸舖的大嬸
- □ 讓重要人物成為自己的同伴
- □ 尚未拿出成果的下屬也會予以稱讚
- □ 會讓遲到的下屬明白「時間的價值」
- □ 改變生活型態，輕鬆創造「2 小時」的空檔
- □ 創造睡眠之外的「無」的時間
- □ 學習新事物從連假的整整 3 小時開始
- □ 寫下不想忘記的名言佳句
- □ 搭新幹線時會選擇 3 人座的中間位子
- □ 電梯內也能泰然地與他人閒聊
- □ 白色情人節回禮會考慮「對方可能會喜歡的東西」
- □ 會「三番兩次感謝」仲介人
- □ 在晚上去的店不會讓任何人丟臉
- □ 結帳的過程不會公開
- □ 參加下屬的酒會時有辦法自然而然地先一步離開
- □ 考量到對方的狀況來選擇店家
- □ 能對店家的「特點」做出適切的反應
- □ 善於送「慰勞品」給同事
- □ 會把客戶給的禮品分送給同事
- □ 臉上總「掛著笑容」
- □ 不管到哪個樓層都能聊天
- □ 公開表示妻子的「好」
- □ 先「說」自己的私事
- □ 總會聆聽女性的意見
- □ 面對非自願的人事異動從善如流
- □ 更頻繁和讓自己感覺退縮的人往來

課長止步程度評量單

- □ 和客戶約時間時會「請對方提供候補時間」
- □ 第一次面談前會先看過「對方昨天吃什麼」
- □ 在櫃檯等待時會滑手機殺時間
- □ 「可以之後再做的事情」總是拖到最後一刻
- □ 接到投訴的話會先跟上司商量
- □ 出差移動過程的旅伴是「啤酒、零食和漫畫」
- □ 就算迷路，也堅持只看地圖App
- □ 只會看直屬上司的臉色
- □ 只看「業績」稱讚下屬
- □ 對遲到的下屬破口大罵
- □ 犧牲睡眠，擠出「３０分鐘」的空檔
- □ 把睡眠當最大的樂趣
- □ 每個工作天撥 5 分鐘出來學習新事物
- □ 不想忘記的名言佳句也在不知不覺間忘了
- □ 搭新幹線時會避開 3 人座的中間位子
- □ 屏息以待電梯內的尷尬過去
- □ 白色情人節回禮會根據「金額」決定
- □ 馬上令仲介人感到不安
- □ 上門 3 次就把自己當常客
- □ 在下屬的慶祝宴會上拿收據
- □ 不疑有他地接受下屬的邀約
- □ 老想帶對方到「私人口袋名單」
- □ 總是把店家引以為傲的生魚片放到乾掉
- □ 「伴手禮」只會給客戶
- □ 自己把客戶送的禮品帶回家
- □ 總是「眉頭深鎖」
- □ 有一些不好踏入的「封鎖樓層」
- □ 面對他人時「貶低妻子」
- □ 先「問」對方的私事
- □ 動不動就講「女性就是怎樣」
- □ 面對非自願的人事異動抵死不從
- □ 盡可能避免牽扯不擅長應付的人

森本千賀子（Morimoto Chikako）

morich公司董事長。1970年生。獨協大學外語學院英文系畢業後，進入日本人力資源公司Recruit（今Recruit Career），負責人資策略諮詢、徵才協助、轉職協助等，是人資領域的一等一專家。進公司第一年就獲頒公司MVP，之後也屢次拿下年度MVP，其頂尖業務員的名聲響徹公司內外。2012年，NHK邀請她上節目「專家的作風」。2012年以後，轉任Recruit Executive Agent，從事營運幹部與管理職的徵才協助、就業協助。迄今已是超過1000名以上的企業經營者，以及2萬名以上商務人士之間的橋樑，因而有「日本第一人資專員」的外號。她以個人資料庫所建立的「爬上頂點之人的理論」口碑載道，各界高階主管、年輕商務人士都對她信賴有加。2017年3月，創辦morich公司，離開Recruit之後持續擴大於各界的活動。著書包含《讓你深受1000名經營者信賴的工作習慣》（1000人の経営者に信頼される人の仕事の習慣／日本實業出版社）、《不後悔的社會新鮮人工作方法》（後悔しない社　人1年目の働き方／西東社）等。

TITLE

不懂這些小眉角　就等別人踩著你升官

STAFF

出版	三悅文化圖書事業有限公司
作者	森本千賀子
譯者	沈俊傑
總編輯	郭湘齡
責任編輯	蕭妤秦
文字編輯	徐承義　張聿雯
美術編輯	許菩真
排版	靜思個人工作室
製版	明宏彩色照相製版有限公司
印刷	桂林彩色印刷股份有限公司 紘億彩色印刷有限公司
法律顧問	立勤國際法律事務所　黃沛聲律師
戶名	瑞昇文化事業股份有限公司
劃撥帳號	19598343
地址	新北市中和區景平路464巷2弄1-4號
電話	(02)2945-3191
傳真	(02)2945-3190
網址	www.rising-books.com.tw
Mail	deepblue@rising-books.com.tw
初版日期	2020年11月
定價	320元

ORIGINAL JAPANESE EDITION STAFF

ブック デザイン	krran (西垂水敦・坂川朱音)
イラスト	栗生ゑゐこ
本文DTP	二階堂龍吏 (くまくま団)
構成	青木典子
編集協力	乙部美帆
編集	橋口英恵 (サンマーク出版)

國家圖書館出版品預行編目資料

不懂這些小眉角 就等別人踩著你升官 / 森本千賀子作 ; 沈俊傑譯. -- 初版. -- 新北市 : 三悅文化圖書, 2020.10
240面 ; 12.8 x 18.8公分
譯自 : のぼりつめる男 課長どまりの男
ISBN 978-986-98687-9-2(平裝)
1.職場成功法

494.35　　109011570